Yo, negacionista

Fernando López-Mirones

YO, NEGACIONISTA

SEGUNDA EDICIÓN

Primera edición: mayo de 2022
Primera reimpresión: mayo de 2022

Editorial Arcopress • Sociedad actual
Edición: Pilar Pimentel

www.arcopress.com
Síguenos en @ArcopressLibros

Imprime: Gráficas La Paz
ISBN: 978-84-11311-05-2
Depósito Legal: CO-648-2022
Hecho e impreso en España - *Made and printed in Spain*

A mi único amor, Tatu.

Índice

Capítulo 1. MOSCAS 11
Capítulo 2. SERENDIPIAS 15
Capítulo 3. UN ZOÓLOGO ENJAULADO 19
Capítulo 4. EL RELATO SIMBÓLICO 23
Capítulo 5. ATUNES ROJOS 28
Capítulo 6. INVOCACIÓN 31
Capítulo 7. LOS GERONTES 33
Capítulo 8. EL PODER DEL RELATO 39
Capítulo 9. CREAR LA REALIDAD 43
Capítulo 10. LA MONTAÑA DEL DESTINO 47
Capítulo 11. EL PRIMATE VISUAL 55
Capítulo 12. EL MOSQUITO AMISTOSO 59
Capítulo 13. DIOSES DE LA SALUD 66
Capítulo 14. EL SÍNDROME DE JUDAS 74
Capítulo 15. LA VENGANZA DE LOS BOOMERS 77
Capítulo 16. LA SOMBRA 83
Capítulo 17. EL CUENTO DEL PANGOLÍN 88
Capítulo 18. PATENTE DE CORSO 97
Capítulo 19. BAT WOMAN 102
Capítulo 20. ARMAS BIOLÓGICAS 108

Capítulo 21. GALLINAS DE VIETNAM 111
Capítulo 22. LA ÚLTIMA CRUZADA CONTRA EL DR. FAUCI... 116
Capítulo 23. LOS VIRUS QUIMERA 123
Capítulo 24. LOS MURCIÉLAGOS SON RAROS 128
Capítulo 25. LA HORA DEL TEST 132
Capítulo 26. LOS HIJOS DEL CAPITÁN TRUENO 137
Capítulo 27. LAS MUJERES
TAMPOCO PUEDEN HACER DOS COSAS A LA VEZ 146
Capítulo 28. EL GEN ARC 153
Capítulo 29. DAMNATIO MEMORIAE 158
Capítulo 30. EL BOSQUE PASTEURIZADO 167
Capítulo 31. UNA HISTORIA DE LA LECHE 171
Capítulo 32. EL TRIUNFO DE LOS MEDIOCRES 179
Capítulo 33. TRAS LAS HUELLAS DEL UNICORNIO 185
Capítulo 34. LA TEORÍA DE LA INFORMACIÓN DE ALERTA... 192
Capítulo 35. EL GEN NEGACIONISTA 208
Capítulo 36. ENGENDROS ABERRANTES 212
Capítulo 37. EXITUS LETALIS 224
Capítulo 38. LA TEORÍA AMBIENTAL 234
Capítulo 39. EMPRESAURIOS 241
Capítulo 40. LOS BUITRES DE ROCANEGRA 250
Capítulo 41. VACUNA MATATA 255
Capítulo 42. SOMOS NUESTRO ADN 262
EN DEFENSA PROPIA 270

AGRADECIMIENTOS 277
BIBLIOGRAFÍA 281

CAPÍTULO 1

MOSCAS

«Una verdad científica es provisional y autodestructiva, pues contiene el germen de su refutación».
J. Sampedro

El cerebro humano es maravilloso porque es el fruto de dos millones y medio de años de evolución que nos han traído hasta aquí, hasta donde estamos ahora, y que nos han conducido a ser las únicas criaturas conscientes de sí mismas capaces de crear algo que al principio puede parecer irrelevante: los relatos de ficción. Primero fue la palabra.

En 1921, el zoólogo estadounidense Theophilus Shickel Painter dedicó los últimos meses de su carrera a la sutil labor de seccionar los testículos de tres hombres que fueron castrados por demencia. Antes de tan peculiar trabajo, este biólogo había hecho algo que cambió el mundo para siempre; dirá usted que no sería para tanto, pero lo cierto es que identificó los genes de las llamadas *moscas de la fruta*, las nunca bien valoradas *Drosophila melanogaster*, cuya contribución a la ciencia a lo largo de varios siglos ha sido descomunal porque con ellas se han hecho miles de experimentos genéticos en laboratorio, gracias a su gran capacidad para reproducirse deprisa. Con sus grandes ojos rojos, han sido consideradas como el organismo modelo en todos los estudios de biología del desarrollo; pues bien, esa experiencia llevó a Painter hasta los genitales de esos tres hombres, dos blancos y uno negro.

No puedo pasar por alto que el poético nombre de estas moscas, *Drosophila melanogaster,* significa en griego «amante del rocío de vientre negro». Son tan útiles en los estudios gracias a su mínimo número de cromosomas, solo cuatro pares, y a su cortísima vida, de apenas quince días. Ello facilita que los biólogos puedan probar mutaciones y ver qué pasa con cientos de generaciones de moscas en muy poco tiempo. Se empezaron a usar en 1910, en la famosa *Sala de las Moscas* del zoólogo Thomas Hunt Morgan, premio nobel de Fisiología o Medicina en 1933, cuando descubrió a una mosca mutante de ojos blancos en medio de sus hermanas de ojos rojos. Desde entonces, ese premio debería de haber recaído en estas moscas varias veces por su enorme sacrificio en pos de nuestra salud. Casi el 75 % de los genes humanos relacionados con enfermedades tienen su equivalente en el genoma de las *Drosophilas*.

Cuando veo a las personas entrar en los establecimientos públicos frotándose las manos tras llenarlas de hidrogel, no puedo evitar pensar que se parecen a las moscas. Pareciera que la *Sala de las Moscas* de Morgan es ahora el planeta entero lleno de hombres insecto que no saben que la mayoría de los medicamentos que toman se los deben a esos bichos hexápodos a los que matan si pueden en cuanto los ven, ¡desagradecidos!

Un gen no es más que una unidad de información que forma el tan mencionado ADN, el cual almacena esas instrucciones de lo que somos y las transmite a los descendientes. No se compliquen más. Un gen es la receta para fabricar una sola sustancia química.

En aquel material de experimentación tan bizarro, Painter, el de las gónadas testiculares, ejecutó cortes finísimos y los fijó para poder observarlos al microscopio..., ¡y se puso a contar cromosomas!

Los cromosomas son ese ADN repleto de genes comprimidos y empaquetados en el núcleo de las células formando estructuras que se pueden ver; de hecho, *cromo* significa «color» en griego, y se llaman así por su capacidad para ser teñidos fácilmente.

Uno..., dos..., tres..., contó Painter. Hasta aquel momento no se sabía cuántos cromosomas tenía una célula humana. ¡Fíjese, hace apenas cien años solamente, y ni eso era conocido!

Cuarenta y siete..., cuarenta y ocho... Fue el primer hombre en determinar el número de cromosomas del genoma humano, contó veinticuatro pares de cromosomas en los espermatocitos de aquellos tres desgraciados. Es decir, el número de cromosomas dentro de las células humanas es de cuarenta y ocho.

Se hizo famoso por ello y durante los siguientes treinta años muchos científicos volvieron a contar cromosomas corroborando la cifra concluida por Painter: cuarenta y ocho cromosomas unidos en veinticuatro pares. El *consenso científico* era contundente al respecto. Nadie se atrevió a negarlo en esas tres décadas, que se dice pronto; hasta tal punto fue grande el peso de esa «evidencia científica» que un equipo de biólogos que lo volvió a hacer, al encontrar solamente veintitrés pares en lugar de veinticuatro, abandonó el experimento creyendo que algo habían hecho mal.

No fue hasta 1955, cuando un biólogo indonesio llamado Joe Hin Tjio, que había aprendido cuando era niño técnicas fotográficas de su padre que hacía retratos en la isla de Java, y que se había dedicado hasta entonces a la investigación sobre el cultivo de la patata, se vino a España contratado por el Centro Superior de Investigaciones Científicas (CSIC) y tuvo la osadía de ponerse a contar de nuevo cromosomas humanos con una actitud insultante para el *consenso científico* imperante.

Mientras dirigía el laboratorio de investigación filogenética en la Estación Experimental Aula Dei de Zaragoza, Tjio, haciendo gala de un espíritu incansable, pasaba sus veranos en Suecia ayudando al profesor Albert Levan en la Universidad de Lund, una institución fundada en 1425 a partir de un anexo a la catedral llamado *Studium Generale,* creado por los franciscanos, y que fue el origen de esta universidad, considerada hoy como una de las cien mejores del mundo.

Allí Levan y el pertinaz Tjio, residente en Zaragoza, enredaban con células vegetales y de insectos, cuando decidieron pasarse a las de los mamíferos. En una de esas estancias suecas a Joe Hin se le ocurrió aplicar ciertas técnicas que aprendió de su padre fotógrafo, gracias a las cuales consiguió una nitidez mucho mayor a la que estaban acostumbrados desde hacía cuarenta años en biología; así, el 22 de diciembre de 1955 se puso a contar dentro de una célula humana: uno…, dos…, tres…

No podía creer lo que estaba viendo, por eso volvió a empezar: cuarenta y cuatro…, cuarenta y cinco… ¡No era posible, le salían cuarenta y seis en lugar de cuarenta y ocho!

¡Todos en el mundo científico estuvieron equivocados durante más de treinta años en algo que era tan sencillo como contar manchas negras bajo un microscopio!

Gran parte de lo ocurrido en esta etapa tan importante de la genética humana tiene mucho que ver con nuestra historia, el mismo Dr. Tjio escribió después en uno de sus artículos, titulado «The chromosome number of man», que «el número de cromosomas fue solo un hallazgo incidental, una serendipia».

CAPÍTULO 2
SERENDIPIAS

«La ciencia no me interesa. Ignora el sueño, el azar, la risa, el sentimiento y la contradicción, cosas que me son preciosas».
Luis Buñuel

Se suele definir una serendipia como un descubrimiento inesperado debido tal vez a la fortuna, aunque yo creo que es más una inspiración proveniente del trabajo y de la historia previa del investigador. Seguramente, si el padre de Tjio no le hubiera obligado a ayudarlo cuando hacía retratos de bodas en Java, jamás habría cambiado para siempre la historia de la ciencia de la biología.

El nombre de tan misterioso fenómeno proviene de un cuento antiguo persa llamado *Los tres príncipes de Serendip*, actual Sri Lanka en la isla de Ceilán, que al parecer hallaban soluciones a todos los problemas a base de grandes casualidades.

Lo cierto es que tanto la ciencia como esos conceptos tan difusos de *evidencia* y *consenso científico* que nos traen ahora tan de cabeza no son como la gente suele creer; más a menudo de lo que parece se trata de «casualidades» trabajadas. Es lo que el profesor Christian Busch de la Universidad de Nueva York y de la London School of Economics llama «la ciencia de crear buena suerte». En su libro *The Serendipity Mindset: The art & Science of Creating Good Luck* escribe: «Lo inesperado siempre está sucediendo, por lo que es sensato intentar estar listo para ello».

Y tan es así que muchas empresas ya crean puestos de trabajo con títulos como descubridor de serendipia —*serendipity spotter*—, basados en personas con talento especial para ver las cosas de forma diferente. Otros los llaman *contrarians*; pues bien, me declaro uno de ellos, lo confieso. Tenga paciencia el lector porque todo esto acabará cobrando sentido, o al menos eso espero, en las próximas páginas de este libro que tiene usted entre sus manos.

El mismo filósofo y escritor Umberto Eco definió el descubrimiento de América por parte del español Cristóbal Colón —sí, era español— como una serendipia, pero ¿qué podíamos esperar de un nativo del país que lleva desde 1500 diciendo que don Cristóbal nació en Génova y que Italia lo hizo prácticamente todo en tan magna empresa?, pero esa es otra historia.

Y usted se preguntará, ¿qué tienen que ver el número de cromosomas, el indonesio pertinaz y la ciencia basada en serendipia con el tema de este libro? Espero explicárselo pronto, porque lo que estamos descifrando es la importancia del relato, de la percepción y del miedo en la historia de la ciencia, y, por ende, de la humanidad. Lo que creemos, lo que es o lo que otros dicen que es pueden ser los matices que hagan que el planeta entero tiemble, como hemos visto por desgracia en los últimos años.

Si hace tan poco tiempo ni siquiera pudieron los biólogos darse cuenta de que los cromosomas eran cuarenta y seis en lugar de cuarenta y ocho, es posible que el problema radique en una generalizada sobrevaloración de los científicos por parte de la gente, una excesiva fe en que son criaturas de luz ajenas a todo influjo económico y social. Veremos pues que los biólogos son humanos y los médicos lo son mucho más, pero también que el lenguaje científico mal entendido en manos de periodistas y políticos sin escrúpulos es muy peligroso para la salud, sobre todo cuando la ciencia se encuentra atrapada en manos de empresas con ánimo de lucro, de mucho lucro, de demasiado lucro.

Y fue precisamente la empresa farmacéutica estadounidense Pfizer la protagonista de una de las más estupefacientes historias de serendipias de los últimos tiempos; la famosa pastilla azul compuesta por sildenafilo que acabó con la paz de muchas parejas maduras al reactivar, digamos, la capacidad de oferta amatoria del macho humano implicado.

En el Hospital de Morrison, en Gales, el Dr. Ian Osterloh estaba realizando ensayos clínicos sobre una droga con supuestos beneficios para combatir la angina de pecho y la hipertensión arterial, cuando observó una extraña reacción en los voluntarios varones del experimento: no devolvían las dosis sobrantes. Pronto quedó claro el motivo, el sildenafilo era bastante inútil contra esas patologías, pero tenía un potente efecto adverso secundario al producir extraordinarias erecciones en los penes de los voluntarios, quienes estaban encantados con el experimento viendo sus candores renacer.

Entonces Pfizer se marcó una serendipia de libro y la patentó en 1996, no para la angina y la hipertensión, sino como la panacea contra la disfunción eréctil, y la llamó *viagra*. El resto es historia, el renacer de la potencia sexual en millones de hombres añosos causó estragos en parejas que llevaban decenios juntas y que ya no contaban con una vida sexual muy activa, o mejor dicho, nada activa. Lo cierto es que nunca un efecto secundario fue tan rentable para una empresa, excepto tal vez a partir de 2020.

Son innumerables los ejemplos que podríamos citar de casualidades, errores y descalabros de la ciencia genética y la biomedicina en los últimos años; ello nos lleva a sentarnos a meditar cuidadosamente sobre si estamos en disposición de creer que nuestros científicos pueden garantizarnos que la inyección de material genético en forma de ARN mensajero —ácido ribonucleicosintético, una molécula similar a ese ADN que conforma lo que somos— es algo seguro. Estamos hablando de la esencia de la vida, de nuestra identidad como individuos y como especie, o, lo que es peor, de la de todas las generaciones que nos sigan. Cada célula de nuestro cuerpo dispone de una doble hélice con las instrucciones de lo que somos, una parte proviene de nuestro padre, y la otra, de nuestra madre… No sé si es buena idea que *empreSaurios* privados introduzcan en algo tan íntimo su pequeña contribución en forma de material genético nuevo.

Todo ser humano recuerda dónde estaba y qué hacía en enero de 2020, cuando el mundo se volvió loco dispuesto a cambiar para siempre. Cada cual tiene su memoria de ese momento, esta es solo la mía, la de un zoólogo, como Theophilus Shickel Painter o Joe Hin Tjio, presto a ponerse a contar cromosomas por culpa de la megaserendipia que nos cayó encima a todos como un tsunami y de la cual la humanidad no va a recuperarse nunca.

CAPÍTULO 3

UN ZOÓLOGO ENJAULADO

«Las cosas muertas pueden ser arrastradas por la corriente, solo algo vivo puede ir contracorriente».
Gilbert Keith Chesterton

Yo estaba a punto de viajar al océano Índico para rodar un documental, que a eso me dedico desde hace veinticinco años, sobre titanes marinos. Llevaba meses preparando el equipo de filmación, buscando a las personas adecuadas para embarcarnos en el puerto de Victoria, en la isla de Mahé, en la República de las Seychelles, por al menos un mes, a bordo de un gran buque de pesca de atunes español, de los que trabajan por esa parte del mundo. Solo nos dejaban camarote para dos personas, por eso necesitaba un camarógrafo polivalente capaz de filmar bajo el agua con grandes tiburones y cetáceos, pero también de usar un dron para captar todo lo que ocurriría a vista de pájaro, teníamos solo una oportunidad para filmar todo eso. La aventura prometía ser tremenda…, ¡un sueño! Llevaba trabajando años para conseguir los permisos y la financiación mínima.

La faena de los pescadores españoles por los siete mares del mundo me fascina, esas tripulaciones con marineros de varios países hermanados, corriendo peligros para que uno pueda ir al supermercado a comprar la proteína más sana, duradera y segura que existe, una lata de atún. Íbamos preparados también para rodar una secuencia que estaba en mi cabeza: la de unos piratas somalíes, que por allí abundan, atacando nuestro barco, algo que ocurre con demasiada frecuencia en las aguas del Cuerno de África. Pero África se me fue al cuerno.

Todo estaba preparado para nuestra expedición de rodaje en febrero de 2020 cuando, según cuentan, un individuo en la ciudad china de Wuhan decidió ir a comprarse un pangolín al mercado húmedo de Huanan, provincia de Hubei, para hacerse un estofado.

Poco después estaba yo, como medio mundo, encerrado en mi casa, que por suerte está en el campo en algún lugar de Castilla, España, comiéndome las uñas sin tiburones, ni ballenas, ni piratas, y a punto de presenciar la actuación de lo que para mí fue la mayor *performance* jamás ejecutada en la historia del mundo. Confinar a un zoólogo documentalista es una mala idea, porque provoca que de inmediato, como lobo enjaulado, se ponga a investigar sobre lo que ocurre, y cuando le dicen que un pangolín y un murciélago son la causa de todo, se da cuenta enseguida de que algo no encaja. ¿Sopa de pangolín? Todas las personas de la humanidad tienen su historia al respecto, esta es solo la mía; la única diferencia es que para alguien acostumbrado a interpretar el comportamiento de tiburones y hormigas; a desenmascarar, gracias a mis viajes, las informaciones falsas sobre conservación de la naturaleza y el cambio climático; a trabajar con científicos y descifrar sus mensajes y leerlos entre líneas; o a buscar el lado oculto de todas las realidades para meter todo ello en guiones de documentales, el relato pactado de todo lo que estaba ocurriendo se reveló como fruto de una narrativa muy bien cuidada que haría temblar de envidia al mismísimo Julio Verne, el gran maestro de la ciencia ficción. Dos años de investigación diaria con la colaboración de biólogos y médicos de todo el mundo que se dieron cuenta de lo mismo que yo y que me informaban de lo que ocurría, me llevaron sin buscarlo ni quererlo a convertirme en el enemigo público número uno; el ser más deleznable, una criatura nueva a la que llaman *negacionista*.

Lo malo es que, si te niegas a ser negacionista, les das más la razón, de modo que decidí aceptar la propia serendipia de mi nueva condición dispuesto a demostrar que los cromosomas no eran cuarenta y ocho o que esta vez los efectos adversos de algunos ensayos clínicos en fase experimental probablemente no iban a acabar en una orgía de placer.

Con la mosca de ojos rojos tras la oreja y sin haberla buscado, encontré una bandera tirada en el barro, la cogí para ver qué era y, al alzarla, de pronto, había decenas de miles de personas siguiéndome en las redes, que, en lugar de ser las de pesca en el océano Índico donde tenía planeado rodar, eran ahora virtuales, que no virtuosas, mientras el pirata ya no era somalí, sino que era yo, el Negalodón.

Lo que yo no sospechaba entonces es que mi experiencia de treinta y cinco años como divulgador científico escribiendo y filmando documentales de historia natural me iba a ser tan útil para desenmascarar el cuento del pangolín que, con total desfachatez, estaba embaucando al mundo ante mis ojos perplejos: «¿Cómo se creen todos esto?». Esta es mi historia, pero también es la de usted, porque el resultado de lo acaecido, más la revisión científica de los miles de investigadores libres que aún quedan, nos lleva a una conclusión difícil de evitar: ese constructo llamado COVID-19 que inició un proceso cuidadosamente planeado no es una enfermedad nueva producida por un virus surgido de la naturaleza, es solo el instrumento necesario para un fin concreto, que no es otro que inocular sustancias patentadas con elementos desconocidos que cambien la naturaleza humana para siempre y nos conduzcan a algo llamado *nuevo orden mundial*. Pero, cuidado, leer este libro también puede tener efectos adversos graves, no tiene vuelta atrás; cuando la última palabra haya entrado en su mente no tendrá otro remedio que mirarse al espejo y decir: «Yo [también] negacionista». Hay que aceptarse.

CAPÍTULO 4

EL RELATO SIMBÓLICO

«El verdadero significado de las cosas se encuentra al tratar de decir las mismas cosas con otras palabras».

Charles Chaplin

Decía Aristóteles en su obra llamada *Poética* que la fábula es uno de los seis elementos que conforman la tragedia, la concatenación de hechos, acciones y moralejas que componen un relato; los personajes suelen ser animales o seres inanimados, como los virus; es un género literario a la vez narrativo y didáctico, destinado a influir en el pensamiento e incluso en las acciones futuras de la gente. Sin duda, lo que está pasando en el mundo desde hace más de dos años tiene estos ingredientes, por eso es algo… fabuloso.

Pero también tiene mucho de parábola, de relato simbólico, de tradición oral ancestral, algo que reclama la atención de lo más profundo de nuestro cerebro reptiliano, con elementos mágicos que despiertan los espectros del miedo capaces de pasar por encima de las mayores inteligencias, anulándolas. No, entender esto no es cuestión de ser más o menos listo ni cultivado, este fenómeno de disonancia cognitiva de millones de personas ocurre mucho más atrás en nuestro cráneo, en los oscuros dominios de los sentimientos inducidos por el miedo a la muerte.

«Al principio fue el Verbo» (Génesis, Juan 1,1), la palabra. La fuerza de las palabras fue reconocida como prodigiosa desde los tiempos más remotos; los llamaron *sortilegios*, *rezos*, *encantamientos*, *profecías*, pero sobre todo *mantras*; vocablos capaces de cambiar el pensamiento alterando la mente y la percepción; sonidos estructurados con capacidad para sanar o enfermar. La palabra ha sido ocultada al humano del siglo XXI, a través de la aculturación de los jóvenes en escuelas y universidades, rematada por la preponderancia de las televisiones de impacto visual paralizante. Los libros cada vez reciben menos atención, siendo sustituidos por productos audiovisuales de enorme poder adictivo.

El gran escritor Julio Verne, considerado un cuasi profeta por sus novelas que anticiparon inventos y viajes alucinantes a veces más de cien años, no era en realidad más que un abogado bastante sedentario. Alcanzó la magnitud de leyenda de sus periplos imaginarios avanzando mucho más con sus palabras que lo que el conocimiento de su tiempo le hubiera permitido, llevando a lo sublime otro género que ahora nos hace reflexionar: la ciencia ficción.

Cuando leo juntos esos dos términos, *ciencia* y *ficción*, en el contexto de lo que el mundo está sufriendo desde el año 2020 se me ponen los pelos de punta; no en vano, la combinación interesada de la ciencia y la ficción utilizada con fines oscuros es, sin duda, la mayor fuerza de la humanidad, capaz de saltar fronteras afectando a seres humanos extraordinariamente preparados e inteligentes de todo el planeta para convertirlos en niños enajenados; todo es relato pactado, percepción dirigida, fábula, por eso funciona.

El antiguo libro persa *Hezar-afsana* llamado *Los mil mitos* dio origen al cuento de Scheherezade, que nos puede orientar más de lo que parece sobre la fuerza de las historias o las consecuencias de saber manejarlas con destreza. El viejo sultán Shahriar exigía que le entregaran para sus placeres carnales a una virgen cada día para mandarla sacrificar al siguiente; lo había hecho ya con tres mil muchachas, cuando le fue ofrecida una de nombre Scheherezade. A sabiendas del destino cruel que le esperaba, esta esclava urdió el plan de contarle al sultán cada noche una historia sin cerrar, que lo dejara extasiado a tal punto que el tirano le permitiera vivir una noche más para saber cómo acabaría el relato al día siguiente; pero ella hilaba los cuentos con gran habilidad, metiendo unos dentro de los otros para que nunca tuvieran un final, creando así un nexo fractal que consiguió mantenerla con vida hasta que el sultán decidió perdonarla. En este caso la curiosidad no mató al gato, salvó a la chica.

Pues bien, el relato creado de ese «virus» que cambió el mundo para siempre se asemeja a la técnica de Scheherezade en cuanto a que tiene a la humanidad cautiva de *Las mil y una noches,* con personajes que se perpetúan mientras nacen otros nuevos. El pangolín, los murciélagos, el mercado de Wuhan, los asintomáticos, los test mágicos, los tapabocas milagrosos, las cepas, las variantes, las mutaciones y los malvados negacionistas... ¡Scheherezade hoy en día dirigiría el departamento de *marketing* de alguna multinacional farmacéutica!

Igual que le pasó al sultán, millones de personas se encuentran atrapadas en una fábula sin fin, una historia interminable de la que cuesta mucho salir debido a que no es por casualidad que tanto los cromosomas como las palabras, como lo que llaman *virus* no sean otra cosa que unidades de información capaces de generar consecuencias. Quédese con esto, unidades de información, es la clave.

Los renglones torcidos ya no son de Dios, son de la nueva deidad imaginaria llamada *evidencia científica*, que tras años de relato concatenado va desentrañando los puntos de giro de los guiones muy bien escritos de una serie televisiva que constituye el mayor engaño jamás creado, uno que combina la efectividad subliminal de una fábula con las verdades a medias de la ciencia ficción verniana y la certidumbre de que habrá tantas temporadas como les permitamos.

No es baladí este paralelismo en tanto en cuanto los llamados *virus* y las *palabras* actúan o no dependiendo del estado del organismo que las recibe o contiene. La misma palabra no causa idéntico efecto en una situación o en otra, ni en un individuo o en el de enfrente.

Por ejemplo, si mientras caminamos por una calle un desconocido nos grita: «¡Te odio!», lo miraremos perplejos y seguiremos nuestro camino pensando que se trata de un loco o que se ha confundido de persona, sin duda quedará en solo una anécdota inocua; pero si quien nos arroja esas mismas dos palabras es nuestro hijo o pareja, lo más seguro es que nos cause un impacto psicosomático fuerte, e incluso nos haga enfermar, y hasta morir. La misma información funciona de forma muy distinta según el organismo que la recibe, con eso que llaman *virus* ocurre lo mismo. Veremos más adelante que estas cápsulas en cuyo interior hay información genética y que la ciencia tradicional define como «no vivas», en realidad, no son *aliens* agresivos esperando hacernos enfermar, sino que son parte fundamental de nosotros mismos.

Cuando en enero de 2020 acudí a mi manual oficial de microbiología de la universidad, encontré la definición de *virus* que me enseñaron entonces: «Los virus son entidades biológicas en la frontera de la vida».

Es ahora cuando otra unidad dialéctica nos puede orientar: el refrán, definido por la Real Academia Española como «Dicho agudo y sentencioso de uso común». Nunca hubiéramos imaginado que el conocido «Curarse en salud» llegara a tener semejante trascendencia para el planeta Tierra, ni tampoco el popular «Muerto el perro, se acabó la rabia», que nos enseña que nadie puede morir dos veces ni siquiera en una residencia de ancianos abandonada a su suerte. Un planeta entero «curándose en salud» convencido de que su madre o su hijo son peligrosos caballos de Troya llenos de virus agazapados tras un beso, en el convencimiento de que los abrazos matan, tratando de respirar con permiso; el abandono al miedo, la ausencia de Dios, al cual no le importa cómo lo llamemos mientras lo hagamos.

Tras años de escuchar a esta Scheherezade mundial de la salud, el sultán más inteligente cree estar enfermo, la epidemia psicosomática se extiende: aprensión, hipocondría, una población neurótica que padece una disociación grave entre sus mecanismos racionales y sus impulsos emocionales, incapaz de reaccionar, con escasa tolerancia al malestar, cuyo único consuelo procede de dos fuentes, su televisión y su médico, ambos cautivos por los mandamientos de la nueva religión global: el cientifismo financiado.

CAPÍTULO 5

ATUNES ROJOS

«Los peces reconocen a un mal líder».
Conan O'Brien

Como atunes rojos atrapados en el laberinto subacuático del arte de la pesca ancestral del Mediterráneo llamado *almadraba*, los humanos damos vueltas buscando una salida que creemos que está allá donde vayan todos; de un recinto a otro del entramado, nos metemos más y más en la trampa creyendo que salimos. Fuera de las redes están las orcas que nos dan miedo, cada puerta que se abre nos conduce al final previsto por la trampa, la llamada *cámara de la muerte*.

He dedicado varias películas documentales al estudio de los increíbles atunes rojos, unos peces que pueden alcanzar los setecientos kilogramos de peso y que entran cada año desde el océano Atlántico —a través del estrecho de Gibraltar, entre Europa y África—, al final del invierno, para desovar en el mar Balear y otros enclaves del *Mare Nostrum*.

Atraviesan el Estrecho en bancos inmensos, nadan con sus corpachones repletos de energía en forma de la grasa que precisan para reproducirse, por lo cual es muy difícil pescarlos con cebo, apenas comen. Por eso desde hace siglos en las costas del sur y del este de España se instalan unos laberintos de redes semipermanentes anclados de la superficie al fondo, cerca de la costa, para capturarlos, su nombre es *almadrabas —al mad arab*, «lugar donde se golpea», en árabe antiguo—.

Siempre me fascinó investigar por qué unos peces poderosos que nadan libres en el mar se metían voluntariamente en una trampa tan burda y morían a miles; tras lo ocurrido con humanos en estos años lo entiendo mucho mejor, el poder del grupo, el gregarismo que compartimos algunos primates con muchos peces. Los atunes gigantes entran solos en el laberinto de la muerte por miedo a una amenaza exterior que les produce pavor, las orcas. El diseño blanco y negro del vientre de estos cetáceos tiene por misión crear el pánico entre sus presas, en este caso los atunes, con el objetivo de pastorearlos desde el centro profundo del Estrecho —donde no pueden alcanzarlos, si se sumergen mucho, porque ellas respiran aire— hasta el litoral de menor profundidad, en el cual los atunes son más vulnerables. Creando una estampida en los cardúmenes de atunes con sus vientres blancos, las orcas los empujan hacia la costa, y allí están instaladas las almadrabas.

Se siguen unos a otros, confían en el grupo, creen que unidos están más seguros, pero esa costumbre es su perdición. Al principio las almadrabas son unas paredes de red de superficie a fondo muy abiertas que no parecen amenazadoras. Según avanzan, cientos de atunes gigantes atraviesan recintos creyendo que salen, pero en realidad están entrando. Cada compartimento es más angosto que el anterior, solo tienen una salida aparente que en realidad conduce a otro más pequeño. Algo raro notan, se van inquietando según penetran, pero ya no son capaces de volver porque están diseñados para nadar hacia adelante, les es muy difícil girar sin espacio y siguen confiando en que, siendo muchos, están a salvo: «Todos lo hacen, será bueno».

Al final del laberinto de redes está la llamada *cámara de la muerte*, de la cual ya no se pueden escapar porque se cierra. Entonces se dan cuenta, pero ya es demasiado tarde, los pescadores de Cádiz los sacan del agua con unos ganchos llamados *cloques*. Como nosotros con las «vacunas» contra la COVID-19, entraron por voluntad propia, fueron voluntarios, buscaban salvarse de una amenaza exterior movidos por el miedo, y eso fue su perdición. Los atunes rojos son muy inteligentes, pero les puede la influencia de sus congéneres.

Nosotros también somos primates gregarios, casi un macroorganismo social como los roedores nórdicos llamados *lemmings*, los elefantes o los calderones negros, que varan en las playas o se mueven en masa siguiendo a sus líderes hasta el final. Es el reverso de la selección natural, el lado oscuro de la evolución; lo que nos hizo dominar la Tierra puede ser lo que acabe con nosotros. Si somos manada o rebaño, horda o tribu, poco importa, tenemos juntos dos poderes muy peligrosos, el libre albedrío y el don de la palabra.

CAPÍTULO 6

INVOCACIÓN

«Tenga presente que la risa que llama a la puerta y pregunta "¿Puedo pasar?" no es auténtica risa».
Bram Stoker

Los viejos relatos de vampiros dejaban claro que los «no vivos», como los denominó el irlandés Bram Stoker en su novela *Drácula* publicada en 1987, no pueden entrar en la casa de una persona o en su alma si no son invocados por el dueño; es una ley ancestral registrada por multitud de religiones y liturgias, una norma que va más allá de los tiempos cuya trascendencia asociada a menudo al diablo pone los pelos de punta cuando sospechamos que puede estar detrás de que ciertas propuestas recomendadas por nuestra salud deben ser voluntarias para cumplir su misión. Si algo en el mundo se parece a un ser «no vivo», eso es lo que llaman *virus*.

La invocación es utilizada por todas las creencias como una parte fundamental de sus rituales, porque al invocar el sujeto reconoce implícitamente la aceptación de aquello a lo que acude de forma voluntaria, y asume la responsabilidad de lo que después ocurra, exonerando por tanto a los que, en caso de ser obligados, serían los auténticos culpables. En mi opinión, el hecho de que las llamadas *vacunas* propuestas contra el virus SARS-CoV-2 sean de carácter voluntario demuestra que sus fabricantes y promotores buscan cargar la responsabilidad de sus efectos adversos graves y letales en los individuos que se las inocularon para librarse ellos de posibles consecuencias legales y éticas: usted se inyectó porque quiso.

Para que las personas de medio mundo se presten a recibir en sus cuerpos unas terapias génicas experimentales sin aprobación, nunca antes ensayadas en humanos, y con más dudas que certezas, era muy importante generar una amenaza exterior que creara un miedo tan grande como las orcas para los atunes. La fuerza combinada del terror y el gregarismo es capaz de anular las mentes más inteligentes y preparadas, como hemos podido comprobar.

La ciencia ficción no puede funcionar sin las verdades a medias; el urbanita medio del siglo XXI sabe menos sobre ciencia que nunca, incluso los propios investigadores ya no suelen ser eclécticos, no tienen una visión general, sus perspectivas son cada vez menos holísticas; se los ha educado como especialistas de una sola hierba o gusano sin ver jamás el bosque entero; esto favorece el triunfo de un buen relato pactado general porque, en realidad, ni siquiera los expertos son capaces de tener una visión panorámica, sobre todo cuando se les abruma con matemáticas alteradas, porque, literalmente, los datos no les dejan ver ese bosque. Pero las precuelas de la fábula del pangolín llevan al menos dos siglos funcionando, preparar a la humanidad para que acepte esta distopía no es algo que se consiga fácilmente. Primero había que desmontar toda referencia moral, religiosa y cultural que supusiera un obstáculo, desinstalándola del cerebro de varias generaciones a las cuales se privó de algo fundamental, el punto de apoyo de Arquímedes, el concepto de la *muerte*, o, mejor dicho, de la *muerte propia*.

CAPÍTULO 7
LOS GERONTES

«La sabiduría llega cuando ya no nos sirve de nada»
Gabriel García Márquez

Todo lo que vive tiene que morir; esta es una de las verdades indiscutibles de la existencia. Sin embargo, la obligación biológica de todo ser vivo es retrasar ese momento lo máximo posible luchando hasta el final con todas sus fuerzas. El mundo es un lugar peligroso, por eso la inmensa mayoría de los animales salvajes no llegan nunca a viejos. A la mínima debilidad, los mata antes el hambre, los depredadores o los parásitos. Ante el hecho de morir, los animales tratan de manipular el «cuándo» y el «cómo», pero el ser humano se pregunta además «por qué» y «a dónde».

La actitud ante la propia muerte del *Homo sapiens* es absolutamente cultural, como lo prueba el hecho de las múltiples respuestas que las distintas civilizaciones le han dado a lo largo de la historia de la humanidad. ¿Qué hay al otro lado? Toda persona siente esta inquietud ante la «Noche que Avanza» cuando se acerca la vejez.

Trascender se convierte entonces en la obsesión de algunos, y prepararse, en la de otros. Muchos piensan que volverán con otras formas, mientras no pocos están convencidos de que serán premiados. En cualquier caso, ni el más poderoso de los animales incluido el *mono egoísta* puede librarse del Gran Viaje.

Además de en la percepción de la propia muerte, los seres humanos somos diferentes a la mayoría de los demás animales en otra cosa: tenemos mucha vida por delante después de habernos reproducido, sobre todo las mujeres. Ello significa que los ancianos tienen un papel social que cumplir aun después de no ser fértiles.

Esta característica es propia también de los chimpancés, los gorilas, los elefantes o las ballenas, todos ellos seres inteligentes y megasociales. Las sociedades no industrializadas aún hoy en día veneran a los ancianos por su sabiduría acumulada y les agasajan consecuentemente cuando mueren. El desprecio intelectual por los ancianos es una de las lacras que la sociedad del siglo XXI está instituyendo en sociedades autodenominadas *avanzadas*; pero hasta ahora nunca fue así. Desde la antigua Grecia era el llamado Consejo de Ancianos o Gerusía quien aconsejaba a los propios reyes sobre los asuntos más importantes. En la antigua Esparta, por ejemplo, los *gerontes* que lo conformaban eran treinta, de los cuales veintiocho debían tener más de sesenta años; hay que tener en cuenta que esa edad en el siglo VII antes de Cristo era como tener en la actualidad ochenta o noventa.

Con el punto de vista actual, cuesta creer que los órganos de mayor poder de las grandes civilizaciones pusieran como requisito tener muchos años en lugar de lo contrario. En Cartago, la Gerusía era de trescientos sabios que ostentaban ese cargo de por vida, lo cual hace suponer que alguno regía los designios de su tierra con edades de noventa años o más.

Al ser los ancianos tan valorados por estas culturas, su

fallecimiento se consideraba una desgracia para toda la sociedad, así como una pérdida cultural notable. Los antropólogos llevan un par de siglos estudiando la actitud ante la muerte de los últimos pueblos que aún conservan parte de sus tradiciones ancestrales, que están siendo borradas por el globalismo arrasador.

Probablemente en todo el mundo no haya unos funerales tan complicados y costosos como los que realizan en Sulawesi, Indonesia. En mi documental de 2001 titulado *El reverso de la vida*, Gerardo Olivares rodó imágenes impresionantes del rito funerario de un noble anciano muy querido en el lugar, que en realidad había muerto hacía tres meses, pero que permaneció embalsamado en su casa hasta que su familia pudo conseguir el dinero suficiente para organizar el funeral, que es tan costoso porque deben construir, literalmente, un poblado nuevo para albergar a los más de dos mil invitados que acuden al sepelio.

Un artesano local se esfuerza por terminar a tiempo un busto de madera con la cara del finado al que ellos llaman *Tau-tau,* para que sea colocado junto con los de otros difuntos en los cantiles cercanos. Los *Tau-tau* se visten con las ropas del muerto, e incluso algunos lucen pelucas confeccionadas con su auténtico pelo.

Cuando el cortejo fúnebre llega a la nueva aldea construida para la ocasión, comienzan los cuatro días que durará el evento. El funeral debe ser ostentoso para que el alma del difunto quede contenta y proteja a su familia desde el cielo. Los invitados acuden desde toda Indonesia: Borneo, Java, Flores, Sumatra, Bali..., y son recibidos por tres danzantes que anuncian la procedencia de cada grupo. Todos traen ofrendas para el difunto que tratan de competir en cantidad y calidad, para demostrar la riqueza de los clanes asistentes. El Gobierno del país ha puesto limitaciones a estos regalos desmesurados porque llegaban a arruinar a familias enteras, que pueden tardar años en recuperarse económicamente. Tal es el respeto por sus muertos de esta cultura que incluso los bebés fallecidos antes de que les salgan los dientes son enterrados en árboles porque consideran que aún pertenecen a la naturaleza, y de este modo crecerán con el árbol hasta alcanzar el cielo.

En Nueva Guinea, viven los *Ku-ku-ku-ku*, un pueblo feroz que hasta hace pocos años practicaba habitualmente la antropofagia. Los *Ku-ku-ku-ku* tienen un lugar llamado la Roca Sagrada en el cual sitúan los cuerpos de sus muertos ilustres tras haberlos sometido a un proceso de ahumado durante unos cinco meses.

De este modo, los difuntos encurtidos pueden seguir contemplando sus posesiones mientras vigilan la vida de su antigua comunidad. Solo jefes, grandes guerreros y en ocasiones mujeres jóvenes con sus bebés son elegidos para ser colocados en la Roca Sagrada. Nada más morir, colocan sus cuerpos sentados en cuclillas en la cocina junto al fuego. Cuando empieza a sentirse un hedor característico, sus esposas les separan la piel frotándolos con fuerza y les extraen las vísceras para que sean consumidas por los parientes más próximos. Actualmente se sigue practicando este ritual, aunque se trata de algo minoritario. Es otro ejemplo de que, para muchos pueblos de la Tierra o de otras épocas, la muerte no es algo horrible de lo que no se puede hablar, sino que forma parte de la vida cotidiana y se toma como algo connatural a nuestra esencia humana.

Esta convivencia con la muerte, junto con estos ritos espectaculares, es contemplada por los niños de esas culturas desde que nacen, creando en ellos una idea profunda de la trascendencia espiritual y habituándolos a mirar de frente con orgullo cuando el Gran Viaje se acerca. Ya adultos, los niños criados así no tienen tanto miedo a la muerte porque no les resulta algo del todo desconocido, y porque saben que serán homenajeados como mandan sus costumbres.

Desde hace más de diez mil años, como hemos visto, todas las civilizaciones han criado a sus hijos de un modo u otro acostumbrándolos a pensar en el final de la existencia terrenal, bien como un inicio de otra trascendencia, bien como el camino de la vida eterna a través de los relatos de los héroes, el honor, el buen nombre, el recuerdo de los grandes. Los niños acudían a las impresionantes pompas fúnebres de sus abuelos, padres y hermanos soñando con que, cuando lleguen las suyas, todos los recordarán como personas notables, y, por ello, si había que dar la vida por el clan, lo harían con orgullo. Eso hace tiempo que terminó en las autodenominadas *sociedades modernas*; los hijos desde finales del siglo XX y lo que va de XXI ya no van a tanatorios ni funerales, porque sus padres quieren que recuerden a sus abuelos «tal como eran en vida» o por «evitarles el mal rato», y acaban por usar esa terrible frase de «El abuelo se fue» o «Allá donde esté».

Una sociedad que crece de espaldas a la muerte no es capaz de gestionarla cuando de pronto se la ponen delante, entra en pánico. Eso es exactamente lo que ocurrió desde enero del año 2020. Al no crecer con un concepto trascendente de lo que son las enfermedades, la vida y su final, ni siquiera con los animales. Pues ahora las mascotas pasan a ser eternas y tienen cementerios, mientras en los dibujos animados nadie muere, ¿qué fue de los padres de Bambi? Hasta las granjas cuyo fin era criar cerdos, vacas y corderos para alimentar a las familias ahora son granjas escuela de bichos con nombre que son sustituidos eternamente por otros iguales porque jamás fallecen; la sociedad medicaliza los partos, anestesia a las madres, sustituye la leche materna por polvos industriales, separa a los niños en guarderías y convierte a la familia en un constructo obsoleto con tufo conservador.

Posteriormente, se fue suprimiendo también el amor a la tierra, a la patria y sus símbolos, sustituyéndolos por el éxito social y económico: el héroe ahora es el que se hace rico y famoso, aunque sea por medios espurios, el nuevo lema heráldico del humano que se cree desarrollado es «Porque yo lo valgo». Sin familia ni creencias trascendentes, sin amor a la tierra ni referencias, las personas desorientadas de las grandes ciudades se entregan a las pasiones básicas, al placer inmediato y a la diversión superficial. Entonces el Padre Estado nos protege, nos regala lo que era nuestro, y la Madre Sanidad nos da medicamentos si nos duele algo a través de los nuevos sacerdotes con batas blancas.

Poco después, sobre el lienzo vacío de las culturas milenarias, los medios de comunicación nos dibujan una nueva realidad basada en el negocio del miedo.

CAPÍTULO 8

EL PODER DEL RELATO

«Los seres más despiadados son siempre los sentimentales».
Ernest Hemingway

Un buen día todo comenzó. Un virus nuevo, una nueva enfermedad, un origen remoto que se acerca, y, cuando la gente fue a abrazarse, no pudo; cuando buscó a sus amigos, no había bares ni iglesias; cuando quiso aire y sol, ya se lo habían quitado; solo quedaba una frase sacrosanta: la evidencia científica.

Y nos convencieron de que había sido culpa nuestra. A todos esos males uniríamos el remordimiento de haber creado un «cambio climático» y haber propiciado que un murciélago chino se encontrara con un pangolín lechal en un mercado húmedo de humanos malos que tienen lo que se merecen por comer carne y cazar tótems.

Y las Scheherezades de la Organización Mundial de la Salud, las agencias del medicamento, las asociaciones, colegios de médicos y biólogos, fundaciones y autoridades continuaron contándonos un cuento diferente de ciencia ficción cada día, siempre basado en hechos reales, siempre moviendo el foco solo a un lado de la biología.

Pero todo buen guion precisa de antagonistas, de personajes que protagonicen un falso conflicto, alguien a quien culpar cosificándolo. Así surgieron «personas malas» que no obedecían, gentuza a la que le dio por pensar, investigar y leer, demonios con ciencia y conciencia: los negacionistas. Son seres mitológicos, ángeles caídos hacia arriba que la buena gente no debe ver jamás porque se rompería el conjuro. Primero estaban aislados, cada uno en su casa, en su castillo por encima de la niebla viendo que la caja con gente que habla no estaba diciendo la verdad.

Todo este embrollo es para justificar frente a usted por qué deben hacer algo de caso a un extraño zoólogo viajero que se dedicaba a hacer películas documentales de animales y antropología cuando el mundo se nos cayó encima a todos. Igual que en los casos de biólogos que intuyeron cosas nuevas que hemos visto antes, la serendipia de los descubrimientos que parecen casuales, en realidad, es el fruto de la biografía anterior de aquellos a los que les ocurren. De no haber pasado veinticinco años de mi vida escribiendo guiones de películas documentales sobre historia natural y antropología, tratando de convertir sesudos artículos científicos —indigeribles para la mayoría de las personas normales— en relatos sentimentales que parezcan cuentos y, por tanto, resulten atractivos al público potencial de mis documentales, no habría descubierto tan pronto que toda esta historia de la pandemia «del coronavirus» es el mejor guion documental de ciencia ficción que jamás se ha escrito, y que haría palidecer de envidia al mismísimo Julio Verne.

Resulta que el perfil adecuado para ver clara toda esta historia quizá no era el de un experto en virología, un biólogo de laboratorio o un médico adiestrado para aplicar protocolos y curar pacientes, sino el de alguien acostumbrado a documentarse rigurosamente durante años contemplando las diferentes perspectivas que la ciencia tiene siempre, para crear un relato coherente, comprensible y atractivo para un documental. Todos los demás ven solo su pequeña parcela del problema, el documentalista científico está obligado a buscar todas las aristas por ocultas que estén; tal vez esto me colocó en el sitio adecuado y en el momento justo para descubrir que algo no encajaba en lo que atenazaba al mundo, y así se demostró dos años más tarde.

Los documentales todavía son considerados la quintaesencia de lo creíble. Uno puede leer algo en un periódico y cuando lo cuente, sus amigos lo criticarán arguyendo que esa cabecera es de tal o cual tendencia ideológica; o puede oír una noticia en determinado canal de radio o televisión, pero será susceptible de ser descalificada con un simple «Ya sabemos de qué pie cojea ese canal». Incluso es posible que esa idea haya sido leída en un libro, algo cada vez menos frecuente, y su interlocutor no le dé crédito por los antecedentes del autor: ese es un facha, ese es un rojo... Pero, cuando alguien formula una información sorprendente en una conversación y la apoya diciendo «Lo vi en un documental», eso va a misa, nadie se atreverá a discutirlo.

Este inmenso poder de la narrativa audiovisual, que es seguramente el mayor que existe en la sociedad actual, lo conocen bien los grandes globócratas, por eso lo han usado como base primordial para convencer al mundo de cuanto han querido, no importando tanto la veracidad como la calidad narrativa y la inserción en un relato general coherente, emotivo y, sobre todo, pactado y único. Quien tiene el control de las televisiones, series y películas de cine es capaz de crear dragones.

Obsesionados por consultar a biólogos, médicos, enfermeros, autoridades sanitarias o supuestos expertos sobrevenidos que estaban tan perdidos como el resto de profesionales, pero, además, bastante más aterrados, el pueblo se olvidó de los filósofos, de los narradores y de los que dominaban la mayor arma del siglo XXI, el relato audiovisual. Cada ciudadano lleva un pequeño cine en el bolsillo de forma permanente cuyo telón se abre cientos, miles de veces al día: en el metro, en la calle, en las salas de espera, en los baños… La clave de todo está en esas pantallitas y en su descomunal poder de generar emociones dirigidas a modificar nuestros hábitos haciéndonos creer que esas decisiones las hemos tomado nosotros.

CAPÍTULO 9

CREAR LA REALIDAD

«Odio la realidad, pero es en el único sitio donde se puede comer un buen filete».
Woody Allen

Robert Joseph Flaherty era un ingeniero de minas estadounidense en 1913, cuando trabajando para una compañía ferroviaria en la bahía de Hudson, en Canadá, su jefe le sugirió que grabara con su pequeña cámara de cine de aficionado a los curiosos indígenas de la zona, los inuits. Lo hizo tan bien que cada vez atendía menos a su trabajo oficial en la empresa de explorador de minas de hierro, desde la cual le pedía que filmara más veces a esas gentes cazando focas, montando iglús y diseñando atuendos de piel de oso blanco. Llevaba el bueno de Flaherty dos años filmando, cuando se le cayó la colilla de un cigarrillo y se le quemaron los diez mil metros de película que tenía almacenados, todo se había perdido. Lejos de desanimarse, le dijo a su mujer —según ella escribió después— que aquello que había ardido en realidad no le gustaba, que «era una mala película, apagada, sin espíritu». Pero entonces le cayó encima la Primera Guerra Mundial.

Cuando la guerra terminó, Flaherty decidió volver con los esquimales y empezar de nuevo, pero esta vez, en lugar de mera información visual, pensó en recrear escenas con los propios protagonistas, hacerlos actuar y generar una historia emotiva con la realidad. El resultado ha pasado a la historia con el título de *Nanook, el esquimal,* y es considerado el primer documental con mirada, con guion y dramaturgia. No podía imaginar el bueno de Robert que acababa de inventar un arma psicológica capaz de determinar el comportamiento humano que cien años más tarde dominaría el mundo: el relato emocional.

Años después, el sociólogo escocés John Grierson acuñó el término *documental* definiéndolo como «un tratamiento creativo de la realidad», capaz de «crear un giro social»; sin duda, sabía lo que estaba diciendo. Influido por las ideas del intelectual estadounidense Walter Lippmann, que estaba obsesionado por denunciar que los periodistas tenían una irremediable tendencia a creer sus imágenes mentales preexistentes más que a llegar a un juicio propio a través del pensamiento crítico, Grierson creía que los Gobiernos y el pueblo no alcanzarían plena democracia si la radio y el cine no eran capaces de cubrir sus necesidades narrativas. Abogaba por una interpretación dramática del mundo, porque para él los problemas sociales eran demasiado complejos y escapaban a la comprensión del público. Los ciudadanos apáticos recibían informaciones incompletas que los alejaban de la participación democrática. Para Grierson había que dramatizar la información para que calara en la gente, y eso se haría solamente a través de documentales, que eran la TV de entonces… ¡Ay, Dios, si tenía razón!

Él mismo lo describe en su obra *Documental y realidad*: «Entonces pensamos resolver el problema a través de una interpretación dramática del mundo moderno, y nos dedicamos al estudio de la radio y del cine, considerándolos instrumentos necesarios tanto para la actividad de los Gobiernos como para que las necesidades de los ciudadanos pudieran ser satisfechas». Es la realidad desvelada.

Su único documental como director fue *Drifters*, sobre la pesca del arenque en el mar del Norte —ya hablé antes de mi debilidad por hacer documentales de peces y pescadores—, con tal éxito que el Gobierno británico creó tras verlo en 1926 la Empire Marketing Board Film Unit, servicio cinematográfico para la promoción del comercio del Imperio de su Graciosa Majestad, cuya indisimulada intención era influir en el mundo con dos objetivos: apoyar la investigación científica y promocionar el comercio británico en el mundo. Ciencia y comercio. Difícilmente se entienden estos dos conceptos juntos, mezclados con los documentales…, hasta que llega «el coronavirus» y todo cobra sentido.

La mezcla de ciencia —algo que, por definición, debería ser objetivo— con emoción, dramatismo, narración y comercio constituye la fórmula de la alienación de masas que explota con la aparición de los teléfonos móviles, cuando ponen las obras de los ministerios de la verdad de los diferentes países en las manos de todos y cada uno de los ciudadanos.

John Grierson se hizo cargo de su nueva misión y produjo más de cien películas documentales con enormes presupuestos del Gobierno inglés relacionadas con la investigación biomédica de salud animal y agricultura. Estas enormes campañas mundiales contaron con pósters, panfletos, exposiciones y libros, además de los documentales de Grierson promocionando desde la mantequilla de Nueva Zelanda (*Solid Sunshine*) o el té de Ceilán (*The Song of Ceylon*) hasta la investigación biomédica británica, o una de las primeras alusiones a unos nuevos conceptos que ahora nos suenan familiares llamados *postcolonialismo* y *globalización*.

Fíjese usted hasta dónde se llega filmando documentales, cómo cambian el mundo y por qué los que los hacemos somos gente peligrosa si estamos en el bando contrario…, es decir, en el correcto.

Desde el principio de la fábula del pangolín supe que este es un guion anglosajón muy antiguo cuya solución probablemente sea hispana, quédense con esta idea.

No soy Flaherty ni Grierson, pero también me inspiran los pescadores sobre los cuales he hecho más de cinco documentales. Como nada es casualidad, sino serendipia, pescadores fueron también los elegidos de un tal Jesús de Nazaret; un pez, su símbolo, y sus redes, una alegoría de que muchos quieren convertirse en «pescadores de hombres».

CAPÍTULO 10

LA MONTAÑA DEL DESTINO

«La propaganda debe limitarse a un número pequeño de ideas y repetirlas incansablemente, presentarlas una y otra vez desde diferentes perspectivas, pero siempre convergiendo sobre el mismo concepto. Sin fisuras ni dudas».
Joseph Goebbels

Pero fue en la Segunda Guerra Mundial cuando la influencia del cine documental se consolidó como un arma descomunal de propaganda capaz de desequilibrar, a base de imágenes y relatos, la percepción, no solo de las mismas tropas, sino también de la población de ambos bandos, cuyas opiniones eran dirigidas con una facilidad hasta entonces desconocida. «Nosotros tenemos razón», «Vamos a ganar», «Estamos ganando», «Somos la verdad frente a *los otros*»... Y, de esta misma forma, pronto nacería esa horrible palabra que da título al ejemplar que tiene usted entre sus manos.

Puede que algún lector se encuentre temporalmente defraudado o perplejo porque esperaba encontrarse leyendo un libro sobre pandemias y virus escrito por un biólogo; créanme que eso es, exactamente, lo que está usted haciendo, aunque no lo parezca; pero lo último que quiero narrarle es lo que ya sabía o sospechaba; en cambio, desde esta nueva perspectiva tengo la absoluta seguridad de que al final va a entender por qué los testículos de Painter, las fotos del padre de Joe Hin Tji, las amantes del sultán y los arenques de Grierson acaban en Wuhan.

El inmenso poder del «relato pactado» contado con imágenes y sonido que hoy sufrimos veinticuatro horas al día en cualquier canal de televisión de las grandes corporaciones audiovisuales del mundo se estaba descubriendo, y pocos ejemplos nos ayudan a entenderlo mejor que el de una mujer cuya energía, determinación y talento tuvieron tal influencia a través de sus películas documentales que me atrevo a afirmar que fue capaz de situar al frente de su país a un mandatario destinado a desatar una guerra mundial.

Helene Bertha era una joven de veintiún años nacida en Berlín, cuya carrera como bailarina clásica era prometedora, cuando comenzó a sentir dolores y tuvo que ser intervenida quirúrgicamente en la rodilla; ello acabó con sus aspiraciones en la danza.

Esa rodilla de la que probablemente usted jamás haya oído hablar cambiaría la historia del mundo para siempre; si esa muchacha hubiera seguido como bailarina el resto de su vida, la existencia de todos nosotros sería muy diferente, puede incluso que no nos hubieran obligado a usar mascarillas ni nos hubieran presionado para inyectarnos cosas experimentales peligrosas. En una de sus múltiples citas con el médico, Helene vio sobre la pared de la consulta un póster de la película *La Montaña del Destino*, acudió a verla y decidió dedicarse al cine. Un año después conoció en una fiesta a su director, Arnold Fanck, un maestro del llamado *cine de montaña*, subgénero muy popular en Alemania por aquel entonces, y consiguió un papel como actriz en su siguiente película, *La Montaña Sagrada*.

Todos estos detalles nos demuestran hasta qué punto las serendipias de la vida de cualquier persona se concatenan para llegar a un destino que podría haber cambiado por cientos de detalles nimios; que su rodilla no se lesionara, que el médico no colgara ese cartel en su consulta, que no fuera a esa fiesta…, lo cual apoya una de las tesis principales de este libro, que no es otra que eso que los anglosajones llaman *The Power of One*, es decir, «el poder de uno», la enorme capacidad de una sola persona para cambiar las cosas uniéndose a las de otros millones; nunca sabremos quién colgó aquel póster en la consulta del doctor, tal vez ni siquiera fue él, quizá la enfermera, su mujer, un hijo…, alguien que nunca fue consciente de hasta qué punto aquella decisión tendría una trascendencia como la que tuvo.

A Helene hace tiempo que ya la llamaban Leni, y, como todas las personas inquietas, no se limitó a actuar como actriz, si no que se pasó al rodaje y pasó los meses siguientes interrogando a Arnold Fanck sobre el uso de las cámaras, los objetivos, las perspectivas…; se hizo su propia maestría preguntando y aprendiendo. Solo seis años después escribió, dirigió y produjo su primera película documental, *La Luz Azul*, con la que ganó la medalla de plata en la *Mostra* de Venecia, y que le gustó mucho a un joven político del Partido Nacionalsocialista Obrero Alemán, NSDAP, muy aficionado al darwinismo social, la teoría de la evolución y la eugenesia —tesis biológicas que fueron en su momento apoyadas por el *consenso científico*—, ese que acabaremos conociendo bien. Aquel líder prometedor le dijo a nuestra Leni: «Una vez lleguemos al poder, tienes que hacer mis películas». Se llamaba Adolf.

En 1933, nuestra protagonista ya era bien conocida como Leni Riefensthal cuando se creó el Ministerio de Propaganda con sus siete departamentos, dos de los cuales eran Salud Pública y Películas y Censura Cinematográfica, con importantes subvenciones del Gobierno de Hitler al presupuesto de su ministro Paul Joseph Goebbels, que pudo permitirse pagar bien a los artistas que, recién salidos de la Gran Depresión, estaban bastante necesitados de ayudas. Por ello, presentadores, directores y actores, así como teatros y orquestas, aceptaron gustosos la nueva época de vacas gordas. Cuando hay dinero fresco, gran parte del arte y la comunicación sabe mirar para otro lado con gran convicción. Todo el que quisiera progresar y hacer carrera en estas disciplinas debería asumir el discurso oficial defendiéndolo en sus películas o programas; al que mejor lo haga mejor le irá económica y socialmente, el que ose salirse de la caja marcada verá truncado su futuro profesional.

Un dato curioso poco conocido es que, en aquellos años en Alemania, más de la mitad de los profesores universitarios de Biología se afiliaron al Partido Nazi, una proporción mucho más alta que la de cualquier otro grupo profesional, y ninguno criticaba la eugenesia. La mayoría de los científicos se sentían halagados de que los tratasen como expertos en una nueva tecnocracia, porque la eugenesia era una filosofía progresista.

A todos estos profesionales del arte, la prensa y la ciencia que quisieran trabajar se les exigía un documento llamado *certificado ario* (*Ariernachweis*) obligatorio, sin el cual, además, no podían salir del país. Dicho documento pretendía demostrar la ascendencia aria del portador, y acabó exigiéndose también a todos los empleados públicos y profesores, ¿les suena? Pues la mayoría de la gente también tragó entonces, y lo hizo igual que ahora para mantener el trabajo, poder viajar y evitarse problemas; fíjense en qué estaban colaborando sin saberlo, o, más bien, sin querer ver que los que se quedaban fuera de ese certificado estaban a punto de ser duramente represaliados.

A menudo, el ser humano más honrado y respetable actúa solo por el egoísmo de conservar lo suyo poniéndose de perfil ante una amenaza social evidente que se le viene encima. No hemos cambiado.

El certificado ario concebía a ingleses, franceses, suecos, polacos, italianos y checos como admisibles, y, poco después, incluso a los iraníes, pues el *consenso científico* los consideraba el origen indoeuropeo o indo-ario de esa supuesta raza aria que pretendían demostrar que existía; de hecho, el término *arya* es también de origen indo-iraní.

Incluso la propia esvástica adoptada por el III Reich como emblema es, en realidad, un símbolo usado en la iconografía de India y Nepal entre otros lugares desde hace unos seis mil años, cuyo nombre deriva de los términos sánscritos *swa* («buena») y *astik* («fortuna»).

España también estaba incluida, en principio, en esa «Europa aria», igual que parte del norte de África. Al final, abogados, médicos, maestros, biólogos, todos debían mostrar su certificado para trabajar, para que sus hijos fueran a la escuela e incluso para casarse; estaba emitido bajo los auspicios del Comité de Expertos en Cuestiones de Población y Política Racial. Los comités de expertos desconocidos y convenientemente pagados por los Gobiernos tampoco son una invención reciente.

Por supuesto que ningún enfermo mental, disidente, delincuente, pedófilo, homosexual, vago o demente, e incluso religioso o débil —todo entendido siempre según las propias palabras del Comité de Expertos formado por científicos—, podía lucir el pase ario. Como ahora, mucha gente aceptaba lo que la comunidad científica decía.

Pongo en la mente del lector que esto de lo que estamos hablando ocurrió hace apenas ochenta años, no es de la Edad Media; aún quedan algunos testigos vivos de todo ello; es importante recapacitar también sobre el hecho de que gran parte de la población alemana aceptó estas medidas con cierta normalidad porque a ellos no les afectaban y para «evitar líos», y siguieron trabajando en sus bufetes, consultas o fábricas, y llevando a sus niños arios al colegio ario cuyos profesores arios estaban encantados de delatar a cualquiera que no portara el pasaporte ario... Todos ellos, personas que se creían buenas y cumplidoras de las leyes, que no se molestaban en investigar, en dudar ni en luchar lo más mínimo. Gente «normal» con vidas «normales» aceptando algo nada normal por comodidad y porque «todos lo hacían», ¿les suena?

Pues bien, con su certificado legal y habiéndose convertido para don Adolfo en el prototipo de la mujer aria, nuestra Leni lo único que quería era hacer sus películas documentales, desarrollar su enorme talento y aprovechar la época en la cual le había tocado vivir. Es decir, si me financian mis pelis, para qué meterme en problemas. Da igual lo que haga un Gobierno o lo absurdas que sean unas medidas, a los profesionales que les va bien en sus trabajos o negocios les importa un comino lo que esos molestos críticos disidentes tratan de contarles.

Dirigió Leni la *Trilogía de Nüremberg* compuesta por *La Victoria de la Fe*, *El Triunfo de la Voluntad* y *Día de libertad* entre 1933 y 1935; poco después, *Olimpiada*, en 1938. Inventó técnicas de filmación que ahora todos utilizamos, como el *travelling*; los planos aéreos, que entonces hizo con dirigibles; el uso de teleobjetivos para difuminar fondos o manipular perspectivas; las cámaras subacuáticas, para filmar los saltos de trampolín en *Olimpiada*..., y manejó hasta treinta y cinco cámaras con más de trescientos cincuenta mil extras y simultáneamente. Casi todos los grandes eventos del III Reich no es que Leni los filmara, es que Leni los diseñaba. Esa estética que incluso Steven Spielberg copió en *Star Wars*, con esos pendones nazis, águilas de piedra y filas infinitas de personas son creación de Riefensthal.

Viajó por España para rodar los exteriores de su documental *Tierra Baja*, que acabaría aparcado por falta de financiación. Para este rodaje construyó en Alemania una aldea de estilo español completa con sus paisanos. La contratación como extras de un grupo de gitanos le llevó posteriormente a ser acusada de haberlos sacado de un campo de concentración y de haberlos utilizado como esclavos. Ella argumentó que nunca supo que eso hubiera ocurrido.

La retórica cinematográfica de Leni Riefenstahl a través de sus películas documentales épicas creó un universo propio en torno a Adolf Hitler y el nazismo que encandiló al pueblo alemán hasta tal punto que sin ella no hubiera existido, o habría tenido mucho menos empuje. En esa época no había televisión, pero la gente acudía a las salas de cine oficiales o improvisadas de forma constante como fuente de información necesaria; sin embargo, se encontraron con una realidad reconstruida, un espíritu creado, una cosmovisión completa que ganó el corazón de un pueblo entero.

Las ideas de sus documentales eran de fraternidad, igualdad y justicia social, pero también de identidad, de pueblo elegido atacado por amenazas exteriores. El universo creado por Leni incluía una serie de símbolos, perspectivas de cámara, iluminación y puesta en escena que han quedado para siempre en el subconsciente colectivo, hasta tal punto que son imitadas en multitud de filmes, además de en ejércitos actuales, como el de Corea del Norte o el de la propia Rusia. Esas filas simétricas, paralelas, las imágenes de primeros planos de caras contrapicadas basadas en la estética griega consiguieron ensalzar a Hitler como un semidiós para los alemanes de aquel momento.

Hay que hacer un esfuerzo cronológico para entender esto trasladando nuestra imaginación a aquel momento, obviando la información que ahora tenemos todos en la cabeza; casi nadie sabía entonces lo que ocurriría más tarde, la mayoría del pueblo alemán veía a un líder salvador que encabezaría una recuperación económica simultánea a un resurgimiento del orgullo patriótico germano. Leni, tras la guerra, estuvo toda su vida luchando contra las acusaciones de ser colaboracionista nazi; aunque ganó todos los juicios al respecto, le costó la ruina y volver a empezar muchas veces.

Al terminar la guerra, fue detenida por el ejército norteamericano e interrogada con dureza. Le confiscaron todas sus posesiones, su casa, así como las copias de sus películas. Leni se defendió siempre de las acusaciones de nazismo diciendo que había pecado de ingenua, pero no de mala fe. Como tantos miles de alemanes de aquella época, negó conocer el exterminio que estaba sucediendo en su país porque tal vez le interesó no escuchar.

Tras ser liberada por los norteamericanos, un destacamento francés la volvió a detener. Vivió varios meses en la más absoluta miseria. Se la encerró durante tres meses en un manicomio recibiendo terapias de *electroshock* para, según ellos mismos dijeron, «desnazificarla». Tras varios juicios sucesivos, salió con veredictos favorables que reconocían su no implicación ni en el partido ni en ninguna otra de sus ramificaciones, y que su relación con Hitler era solo profesional.

Para hacernos idea de la personalidad de Leni, que debería ser hoy un ejemplo de mujer exitosa y de empoderamiento feminista, basta decir que, en 1968, con sesenta años, tras conocer a la tribu de los Nuba en un viaje por África, se enamoró de ellos y se fue a vivir en su comunidad, en el actual Sudán. Aplicó en ellos la misma estética de culto al cuerpo que creó para los arios en fotografías y filmaciones de extraordinaria belleza.

Sus trabajos con los Nuba dieron la vuelta al mundo. Leni se integró en la tribu e incluso aprendió su lengua. Filmó a varias tribus que nunca habían tenido contacto con el mundo de Occidente. Era una racista muy rara, si lo era; en realidad lo que le fascinaba era la belleza de los cuerpos humanos englobados en una estética que era capaz de reflejar como nadie, dándole igual si eran rubios alemanes, zaínos nuba o peces de colores.

Aprendió a bucear a los setenta y dos años para filmar arrecifes de coral y a tirarse en paracaídas a los noventa; al cumplir cien años, estrenó su último documental, *Impresiones bajo el Agua*. Murió con 101 años, tras una vida increíble pero estigmatizada por haber desarrollado su labor en una época y en un lugar tal vez equivocados. De ella, reputados y poco sospechosos artistas como Francis Ford Coppola, George Lucas o Mick Jagger han dicho que fue una documentalista genial.

CAPÍTULO 11

EL PRIMATE VISUAL

«Razonar y convencer, ¡qué difícil, largo y trabajoso! ¿Sugestionar?, ¡qué fácil, rápido y barato!».
Santiago Ramón y Cajal

Nuestro pequeño recorrido por parte de la historia personal de algunos de los narradores de relatos audiovisuales tiene mucho que ver con la pandemia que empezó a sufrir el mundo en enero del año 2020 en la ciudad china de Wuhan, porque nos demuestra hasta qué punto el ser humano es un primate visual con emociones convencido de que toma decisiones libres y elegidas, cuando en realidad es tremendamente fácil de manipular por lo que ve en pantallas grandes o pequeñas cuando esas imágenes están convenientemente acompañadas de un guion sesgado compuesto por verdades a medias.

Mi esfuerzo es convencer al lector de que este fenómeno de manipulación de masas no solo es posible, sino que ha ocurrido muchas veces en la historia de la humanidad, desde las pinturas rupestres de las cuevas de Altamira en España, o Lascaux en Francia —cuyas figuras de caballos, bisontes y leones se movían bajo el titileo del fuego, potenciando los relatos de los narradores de epopeyas cinegéticas contra grandes animales totémicos—, hasta las pinturas de Brueghel, Velázquez, Hogarth, Goya, Daumier o Tolouse-Lautrec, que han determinado casi todos los conceptos estéticos modernos sobre sus diferentes épocas. Los relatos bien hilados a través de imágenes crean emociones básicas que influyen en las decisiones de personas muy inteligentes sin que sean conscientes de ello.

No hemos cambiado nada, desde hace unos cien mil años el *Homo sapiens* es biológicamente el mismo a pesar de que la soberbia cultural del ser humano del siglo XXI le haga creerse superior a sus ancestros. Nos siguen fascinando o dando miedo las mismas imágenes, idénticos conceptos; por eso reaccionamos exactamente igual ante ideas como la enfermedad, la muerte y el miedo que un hombre de Cromañón; no hay corbata ni *software* que puedan borrar tantos años de evolución del cerebro de este *mono egoísta*. Toda esta historia está impresa en nuestros genes, en esos cromosomas, en ese ADN que ahora está en peligro de ser alterado.

En 2021, unos biólogos de la Universidad de Granada, en España, identificaron doscientos sesenta y siete genes humanos ligados a la creatividad que pudieron marcar la diferencia entre nosotros, los *Homo sapiens,* y nuestros hermanos supuestamente extinguidos, los *Homo neanderthalensis,* a los cuales probablemente exterminamos no sin antes cruzarnos con ellos; las hembras *sapiens*, gráciles y femeninas les resultaban muy atractivas a los toscos neandertales, pero las mujeres neandertales eran repulsivas para los machos *sapiens*, que, como todos, sabemos, somos nosotros.

La creatividad, la capacidad de crear relatos míticos, se comprobó que era el arma secreta que nos salvó de la extinción al facilitar el comportamiento cooperativo y la conciencia de nosotros mismos; por tanto, el hecho de que seamos tendentes a creer narraciones bien hechas es un rasgo evolutivo favorable impreso en nuestros genes.

El estudio de Granada era multidisciplinar, el equipo de Igor Zwir, Coral del Val, Rocío Romero, Javier Arnedo y Alberto Mesa integraba las disciplinas de inteligencia artificial, biología computerizada, genética molecular, neurociencia, psicología y antropología.

Los científicos identificaron regiones del cerebro en las que estos genes se expresan, pero antes ya habían hallado otros 972 genes únicos, entre los cuales hay muchos del aprendizaje, el apego social y la resolución de conflictos. Esto implica algo muy definitorio de nosotros, los humanos: la conciencia creativa de uno mismo.

Como afirma el historiador Yuval Noah Harari en su ensayo *From Animals into Gods*, la capacidad de los *Homo sapiens* para componer ficción, para contar relatos e información sobre cosas que no existen realmente fue la causa de la llamada *revolución cognitiva* que tuvo lugar hace entre 70.000 y 30.000 años, capaz de producir reacciones rápidas del comportamiento social provocadas por el lenguaje ficticio. Urdir mitos funciona para manejar masas de *sapiens* como no ha ocurrido con ninguna otra especie animal, ni actual ni pasada. Los engreídos miembros de la que llamé en uno de mis documentales *la Tribu de la Corbata* no saben hasta qué punto el poder de la manada y el instinto gregario les obligan a hacer cosas que creen meditadas.

Basta que alguien idee un buen relato mítico y consiga lanzarlo con un desencadenante de impacto social de miedo o admiración, para que los más inteligentes urbanitas caigan como ñúes cruzando el río Serengueti, en Tanzania, sin ser conscientes de que lo que están haciendo puede ser una solemne estupidez. Los siguientes creerán en los primeros y harán lo mismo, con el argumento de que, si tanta gente lo hace, será por algo, o que, si fuera malo, alguien lo habría parado.

Estas realidades imaginadas no son más que constructos sociales con una fuerza descomunal, capaces de mover a millones de personas solo con que un puñado de sacerdotes y juglares se ocupen mínimamente de repetirlas las veces suficientes; si manejan además el lenguaje audiovisual, el resultado puede ser maravilloso o catastrófico. Tanto poder no debería nunca estar en manos privadas, pues supone una manipulación brutal basada en las ciencias del comportamiento.

CAPÍTULO 12

EL MOSQUITO AMISTOSO

«Cómo odio tener razón siempre».
Ian Malcolm

Para mí es mucho más importante desenmascarar la estructura narrativa del montaje que una élite plutócrata ha inoculado al mundo entero desde el año 2020, que deconstruir a ese supuesto virus corona que acabará siendo olvidado. Lo preocupante para el futuro de la humanidad es que no vuelva a ocurrir.

Los autores del SARS-CoV-2 lo intentarán de nuevo muy pronto con cualquier otra excusa, crearán otra fábula; tal vez climática, quizá con otro virus como el Marburg, o la gripe aviar, alternando siempre con alguna guerra que ayude a tapar las pistas incómodas. Es muy posible que usen mosquitos transgénicos —en los que ya está trabajando una empresa biotecnológica llamada Oxitec con la financiación de la Fundación Bill y Melinda Gates—, rayos cósmicos procedentes de tormentas solares, roedores, bacterias o cualquier otro detonante.

Pero si aprendemos a detectar la narrativa del relato mítico de ciencia ficción, no importarán los personajes de la fábula, podremos detectarla a tiempo. La gente debe estar vacunada contra las malas artes de la ciencia del comportamiento que maneja el miedo, para que la próxima vez que quieran paralizar al mundo para restarnos libertades nos demos cuenta antes de que sea tarde.

Pero para eso hace falta humildad de especie, es decir, que sepamos reconocer que, aunque manejemos complejos dispositivos, vehículos sofisticados o satélites artificiales, debajo de todo eso solo somos un mono fácil de asustar, influenciable y muy manipulable cuando un relato apoyado por imágenes nos toca el corazón.

El mayor poder del planeta Tierra son los contadores de historias, y el más grande de sus logros es que nos hayamos olvidado de ellos. Pero si como biólogo y analista de relatos tuviera que elegir, yo me inclinaría por usar a los mosquitos, bichos eficientes que llevan sobre la Tierra más de ciento setenta millones de años. Son animales, pero no están protegidos, son fácilmente manipulables genéticamente, se los puede relacionar con la emergencia climática de forma directa y, sobre todo, son inoculadores natos, las máquinas de vacunar más eficientes que la evolución animal ha creado. Si se quiere inyectar algo a la población mundial, ellos lo llevan haciendo desde antes de los dinosaurios, como adelantó el genial escritor de ciencia ficción Michael Crichton —para mí, el Julio Verne del siglo XX— en su novela *Jurassic Park* de 1990.

Esta obra y sus secuelas han quedado desenfocadas por las películas homónimas, con sus dinosaurios que persiguen a niños chillones; pero las novelas de Crichton son extraordinarias, visionarias; son una crítica feroz a la carrera frenética por comercializar ingeniería genética mezclando ciencia con capital privado a expensas de la gente.

Esos dinosaurios que todos hemos visto escapar de sus recintos electrificados en la isla Nubla no son sino una metáfora de las proteínas *spike* que contienen las inyecciones génicas experimentales que se comenzaron a inocular a la población mundial en 2020. El personaje del matemático Ian Malcolm que interpretó Jeff Goldblum en las películas es en las novelas la voz de la conciencia, el Sancho Panza, el Pepito Grillo de la carrera por jugar a ser dioses del cientifismo desbocado. Poca gente, o quizá solo yo, ha visto esta interpretación que Crichton quiso adelantarnos. El personaje de Malcolm es un firme defensor de la teoría del caos; Crichton describió a ese matemático de ficción basándose en el Dr. Heinz Pagels, un físico de la Rockefeller University de Nueva York.

El personaje de Goldblum se pasaba toda la película sosteniendo que un sistema natural dinámico tendía irremediablemente a comportarse de forma impredecible, y que por eso los dinosaurios acabarían ocasionando un accidente descomunal. Desde que leí por primera vez los prospectos de las vacunas de Pfizer y Moderna se me apareció en la mente la cara de Ian Malcolm sonriendo y diciendo: «Si algo malo puede ocurrir, ocurrirá; porque la naturaleza siempre se abre camino», y así ha sido.

Los científicos del mundo están presos de su propia seguridad en sí mismos, de una soberbia alentada por las grandes fortunas que los financian; sin embargo, sus conocimientos de los sistemas biológicos apenas acaban de nacer, no saben nada frente a los millones de años de evolución, no son capaces ni de lejos de controlar algo como introducir ARN mensajero en los humanos de la Tierra esperando que todo funcione como ellos han previsto que ocurra dentro de programas bioinformáticos; esos dinosaurios también encontrarán la forma de salir, y, de hecho, ya ha ocurrido.

El resto de la gente somos como los turistas que visitaban el Parque Jurásico, confiados en que todo estaba controlado por el *consenso científico*, y esperaban disfrutar de la vista de bestias maravillosas creadas por modificación genética; ellos tampoco sabían que iban a morir.

La teoría del caos es pura matemática, pero se aplica a la biología, la física y hasta a la economía; nos enseña en esencia que, en los sistemas complejos y dinámicos como, por ejemplo, la fisiología humana o el clima, una leve variación en las condiciones iniciales puede traer consigo enormes divergencias, catastróficas diferencias en el comportamiento futuro de ese sistema haciéndolo impredecible.

Es decir, que no es tan fácil como ellos proponen desde la teoría: «Te inyectamos ARN mensajero sintético para que dé instrucciones a tus células con el fin de que fabriquen una proteína llamada *spike*, que, a su vez, genere anticuerpos que después te van a proteger cuando los virus entren; pero no se preocupe usted, que ese ARN mensajero se queda en la zona de inyección y después es destruido». ¿Qué puede salir mal?, ¿se les aparece a ustedes también la cara de Ian Malcolm?

Tampoco tranquiliza que los biólogos de los laboratorios que comercializaron esas terapias nos digan que es un milagro que las hayan podido desarrollar en apenas dos meses. Cuesta creer que media humanidad se creyera este relato sin ponerlo en duda ni un minuto, desoyendo además a miles de Malcolms en el mundo a los que les decíamos a gran coste personal que esos dinosaurios se iban a escapar, pero así ocurrió en 2021 y 2022, los años de la locura de la inoculación precoz.

Pues bien, en el libro de Crichton el material genético de esos reptiles estaba en el abdomen de un mosquito conservado en ámbar que hace doscientos millones de años había picado a un dinosaurio. El ámbar fósil conserva a un ser vivo prácticamente intacto durante miles de años, como si hubiera sido congelado. El punto de partida de la novela es tan genial como científicamente sustentable.

En octubre de 2013, el paleobiólogo Dr. Dale E. Greenwalt publicó en la revista científica *PNAS* el hallazgo del primer fósil de mosquito con muestras de hemoglobina en su estómago: «Murió después de comer hace 46 millones de años».

Es el único fósil conocido de un mosquito con sangre ajena en su interior que demuestra que moléculas orgánicas se pueden conservar millones de años, aunque el ADN es mucho más difícil de encontrar porque se degrada con mucha facilidad.

Por tanto, Crichton acertó demostrándonos una vez más que la ficción científica, una prima hermana del relato pactado, es capaz de convencer a la gente de que algo existe. Si las imágenes de grandes dinosaurios generadas por ordenador de las películas de Steven Spielberg hubieran sido presentadas en telediarios de todo el mundo diciendo que la isla Nubla existía realmente, la gente lo hubiera creído, y en los bares cualquiera afirmaría con gran seguridad que los dinosaurios existen; «Lo he visto», «Hay consenso científico». Créanme que el símil no es baladí, hablaremos de cierto virus que también fue secuenciado por un programa informático, por cuya existencia el mundo entero se tapó la cara, se encerró en casa y se inyectó lo que le decían sin pensarlo lo más mínimo.

En el año 2021, la empresa de biotecnología británica Oxitec liberó en los Cayos de Florida más de cien mil mosquitos modificados genéticamente bajo la excusa de estudiar cómo controlar su reproducción para luchar contra la propagación de enfermedades, de las que estos insectos son vectores, como el virus del zika o el dengue, ¿qué diría Malcolm?

El proyecto financiado por la Fundación Bill y Melinda Gates libera machos de la especie *Aedes aegypti* que portan un gen modificado llamado *OX5034*, capaz de limitar la supervivencia de las hembras con las que se aparean, es decir, donjuanes tóxicos cuya misión es teóricamente exterminar a su propia especie a base de copular. El problema de estos experimentos es que, una vez más, ignoran la teoría del caos, así como la enorme peligrosidad de soltar al medio ambiente seres con genes alterados sin saber lo que la naturaleza a través de mutaciones es capaz de hacer con ellos.

Además, sospechamos algo. Las posibilidades de que alguna

de estas osadas iniciativas sean usadas para otros fines, como arma biológica por ejemplo, a base de soltar mosquitos en determinadas zonas que puedan transmitir proteínas transgénicas patógenas o tóxicas, son mucho más que un riesgo remoto. Recordemos que todos los desastres naturales producidos por este tipo de intervenciones patosas en los ecosistemas naturales se han llevado a cabo con la excusa de combatir enfermedades, pero han terminado por crearlas.

Esos mosquitos transgénicos serán devorados por aves, anfibios e insectívoros de todo tipo; ¿cree usted que esto está bajo control en los ensayos? En absoluto, las empresas ignoran todo aquello que cueste dinero y pueda parar sus expectativas de producto. Y a los biólogos implicados lo que les interesa es publicar *papers* y seguir cobrando generosos sueldos de la fundación y de las universidades implicadas. ¿Acaso se han molestado en estudiar qué pasará con esas hembras de *Aedes* tras recibir el regalo envenenado de sus amantes, o si son capaces de mutar para defenderse, que es lo que la naturaleza hace? Ya les digo yo que no. Soltar mosquitos para lo que sea es una mala idea, es el animal que más seres humanos mata en el mundo.

Como siempre, los biólogos nos dirán que no, que esos genes se disiparán, que el efecto será temporal, pero lo cierto es que no tienen la menor idea de lo que una de esas hembras puede transferir a una rana, por ejemplo, si le pica mientras sufre el proceso.

Raudas y veloces, las autoridades estatales de Florida y la Agencia de Protección del Medio Ambiente, convenientemente dispuestas a agasajar a cualquier plutócrata con dinero fresco —ayudar a Gates o a Soros siempre es un buen negocio—, dieron su aprobación al producto comercial, cuyo nombre fue, átense los machos, el «mosquito amistoso de Oxitec»; otra vez la narrativa al servicio de la falacia.

En plena efervescencia de COVID-19, en 2020, estallaron brotes de dengue y fiebre del Nilo en los Cayos de Florida como no se habían visto desde hacía más de diez años.

Ahora nadie sabe a dónde llevará el viento a los «mosquitos amistosos de Oxitec», pero a Ian Malcolm le inquietaría mucho saber que estos insectos, que son jeringuillas autorreplicantes con alas, intercambian sangre entre unos animales y otros millones de veces cada minuto en el planeta.

CAPÍTULO 13

DIOSES DE LA SALUD

«La medicina ha avanzado tanto en los últimos tiempos que ya todos estamos enfermos».
Aldous Huxley

Estos experimentos comenzaron hace más de una década. Desde que yo era estudiante de Biología en la Universidad Complutense de Madrid, leyendo a Michael Crichton o a Richard Preston, me preguntaba por qué las grandes potencias se empeñaban en fabricar bombas, misiles, aviones y navíos supersofisticados para las guerras, si con un gramo de toxina botulínica casi gratuita y que cualquiera puede conseguir, metido en un depósito de agua de una gran ciudad, se podía matar a millones de personas. Las armas biológicas son infinitamente más letales y baratas; ningún ingeniero podrá jamás crear nada tan perfecto como un mosquito, una rata o un ácaro. No pueden simplemente igualar a ningún ser vivo…, por eso eligieron manipular algo que no tiene vida, a lo que la historia de la ciencia decidió llamar *virus*.

¿Cuánto va a tardar el propio Bill Gates en decirnos que unos mosquitos están transmitiendo «algo» a los humanos por culpa del cambio climático? Acuérdese de este libro y de esta frase, porque esto ya lo han hecho con los murciélagos de las cuevas de China y con un curioso animalejo que nadie conocía llamado *pangolín*. De una cosa podemos estar seguros, sea lo que sea lo que el próximo relato pactado invente, la culpa será de usted.

Hay miles de laboratorios experimentando con ingeniería genética en todo el mundo, más de seiscientas compañías que gastan miles de millones anuales, que están fuera de control porque apenas existen leyes para poner coto a una tecnología que solo conocen los que trabajan en ella con intereses comerciales. Todos los que podrían legislar o vigilar los posibles desastres que ocasionen experimentos frívolos o peligrosos reciben dinero o prebendas de estas empresas, literalmente no hay nadie fuera de ellas capaz de entender lo que está pasando.

Su capacidad de alterar la naturaleza humana y el medio ambiente es solo comparable a los inmensos beneficios que generan. Los fondos de inversión que financian a todas las grandes empresas audiovisuales y periodísticas del mundo, convirtiéndolas en una gigantesca maquinaria de propaganda al servicio de tapar sus errores creando relatos pactados, son también dueños de las *Big Pharma*.

Han tomado las grandes universidades del mundo, las instituciones científicas, las revistas… Todo aquel biólogo o médico que no colabore es eliminado del sistema, no publicará, no será presidente ni consultor de absolutamente nada, su carrera languidecerá. Sin embargo, aquellos jóvenes e inteligentes cachorros prometedores que sepan elegir bien sus investigaciones a favor de la obra serán becados, financiados, invitados a dar conferencias en congresos, tan solo con que sepan bajo qué alfombras no hay nunca que mirar.

En enero de 2009, el biólogo Richard John Roberts, que obtuvo el Premio Nobel de Medicina o Fisiología junto con Phillip Allen Sharp en 1993, precisamente por descifrar el funcionamiento del ADN, hizo unas declaraciones explosivas al periódico español *La Vanguardia*: «Se han dejado de investigar antibióticos porque son demasiado efectivos y curaban del todo. Como no se han desarrollado nuevos antibióticos, los microorganismos infecciosos se han vuelto resistentes».

Durante toda la entrevista al periodista Lluís Amiguet, el Dr. Roberts asegura que muchas de las enfermedades que hoy son crónicas tienen cura, pero para los laboratorios farmacéuticos no es rentable curarlas del todo, y que los políticos lo saben; pero los laboratorios compran su silencio financiando sus campañas electorales. Asegura, también, que la investigación en salud humana no debería depender tan solo de su rentabilidad económica. La industria farmacéutica sirve a los mercados del capital y, «si solo piensas en los beneficios, dejas de preocuparte por servir a los seres humanos».

La entrevista es tan jugosa que, de haberse intentado publicar después de 2019, tanto el periódico como el periodista y el biólogo hubieran sido crucificados, acusados de negacionistas, conspiranoicos y antivacunas. Hace más de diez años había más libertad de expresión que ahora. Continúa diciendo que, a menudo, la investigación, de repente, es desviada hacia el descubrimiento de medicinas que no curan del todo, sino que cronifican la enfermedad, y le hacen experimentar al paciente una mejoría que desaparece cuando deja de tomar el medicamento. Los llama *medicamentos cronificadores* y afirma que son los más buscados por esta industria. La medicina que cura del todo no es rentable ni continua, y, por eso, no investigan en ella.

La Dra. Ghislaine Lanctot ejerció la medicina durante casi treinta años, hasta que le retiraron su licencia por publicar el libro *La mafia médica*. En él cuenta la ilusión que tenía cuando acabó sus estudios en 1967, convencida de que la medicina era extraordinaria porque estaba segura de que, a finales del siglo XX, se podría curar cualquier enfermedad.

Cuando empezó a ir a congresos internacionales, algo llamó mucho su atención: «Me di cuenta de que todas las presentaciones y ponencias que aparecen en tales eventos están controladas y requieren obligatoriamente ser primero aceptadas por el Comité Científico organizador del congreso; pero ese comité es elegido por quien financia el evento, es decir, por la industria farmacéutica». Y añade: «Hoy son las multinacionales las que deciden hasta qué se enseña a los futuros médicos en las universidades y qué se publica en las revistas prestigiosas».

Para ella la misión de la medicina moderna es mantener al paciente en la ignorancia y la dependencia, enseñando al futuro médico a no implicarse emocionalmente y a creerse un dios de la salud.

Con el tiempo, esos boyantes estudiantes de Medicina y Biología de los que hablan Roberts y Lanctot serán eminencias canosas presidiendo asociaciones, colegios profesionales, aseguradoras, regentando cátedras u hospitales con gran prestigio y cuentas corrientes saneadas. Es muy difícil bajarse de eso, muy pocos tienen la honestidad de confesar en los últimos años de su vida que en realidad salieron adelante no por la ciencia ni por la humanidad, sino por lo que era conveniente para sus carreras. El globalismo, al que pronto definiremos, premia bien a sus acólitos, les proporciona las claves para brillar.

Los demás, los honestos, serán olvidados por el camino por geniales que sean, y si osan publicar o protestar en los pocos medios que les den voz, serán tildados de excéntricos frustrados. Estos son los filtros a través de los cuales llega hasta usted a eso que se llama *consenso científico*, algo que en realidad no existe ni existió jamás, pues la ciencia de verdad es hipótesis, duda, tesis, antítesis, debate y libertad.

Lo único en lo que casi todos están de acuerdo es que un buen piso en el centro de Boston o Londres y una casa en los Hamptons con tres bonitos coches aparcados, ganado todo ello, además, con una aureola de científico sabio, es un destino deseable para el cual solo hay un camino: complacer a los poderosos y saber callarse a tiempo.

Sí, querido lector, no voy a negar que la ciencia es maravillosa, pero los que la desarrollan son humanos como todos, no se trata de criaturas celestiales; cuanto más brillante y peor pagado está un científico, más vulnerable es a caer en la degeneración de sus principios iniciales; tras años de estudios, es muy fácil sucumbir ante en el famoso lema cosmético «Porque yo lo valgo»; todos creen que lo merecen porque el sistema los ha tratado mal. Todos se sienten agraviados porque los futbolistas o cantantes ganen tanto dinero mientras ellos, tan inteligentes, los que no atraían a las chicas en el instituto y la universidad, los que no tenían tiempo para ir a las fiestas porque estudiaban más que los otros, los que eran pisados siempre por el líder del equipo de fútbol o por la compañera más popular, llevan lustros siendo tratados injustamente; por ello, cuando se les ofrece la oportunidad de, por fin, dejar de sentirse raritos, de comprarse cosas como la gente normal, es fácil que miren hacia otro lado.

Frente a la dicotomía de tirar todo ese esfuerzo de lustros a la basura por indagar o hacer preguntas que incomoden a sus jefes, o dejarse querer investigando aquello que los hará prosperar, muy pocos eligen el camino del Calvario que supone luchar por la verdad científica; mirar para otro lado resulta demasiado fácil y rentable. Por tanto, no se trata de tipos con gabardina entregando sobres con dinero a los biólogos y médicos del mundo, no; es algo más complejo y profundo, es una red de dependencia cuyas raíces provienen de las propias universidades donde los científicos se forman.

Es un sistema corrupto en el que los que un día fueron buenas personas, con mejores sueños e intenciones, van entrando sin darse cuenta en la almadraba de las multinacionales, como les pasaba a los atunes rojos. Se empieza aceptando ir a un congreso en Hawái con todos los gastos pagados, en el cual el joven científico prepara un panel o ponencia con enorme ilusión porque realmente cree que supone un reconocimiento de su trabajo. En ese simposio conocerá a otros *seniors* que lo animarán a seguir ese camino, y, en cuestión de unos años, se habrá recorrido el mundo en hoteles de lujo, habrá ido a safaris costosísimos en África, India y Suramérica, visitado playas espectaculares, mientras además se siente cada vez más acogido por la llamada comunidad científica que ya lo respeta.

Además, sus cada vez más costosos proyectos de investigación reciben financiación que le permite contratar a jóvenes biólogos ilusionados, como lo era él, y contar con laboratorios cada vez mejores. A estas alturas, probablemente ya se habrá casado y habrá tenido varios hijos que van a colegios privados con expectativas de grandes universidades para ser científicos brillantes como su padre o su madre, y, probablemente, esté a punto de adquirir esa segunda vivienda en la playa al lado de su compañero de universidad del equipo de fútbol o de la más popular de la clase, que jamás lo miraron a la cara.

Y todo lo que tiene que hacer es no plantear preguntas incómodas a nadie, seguir las orientaciones de lo que conviene investigar y de lo que no. Nos es fácil comprender que salir de esto de repente a los cuarenta años solo por un impulso de justicia y verdad es un acto heroico que casi nadie está dispuesto a hacer. Algunos que lo intentan tímidamente son aplastados de inmediato y advertidos de que ese no es el camino. Al siguiente congreso en Ciudad del Cabo no serán invitados, sus peticiones de financiación serán retrasadas y le darán el despacho de la planta sótano si persevera.

Idéntica trayectoria le espera a un médico que dentro de su hospital se interese demasiado por terapias que estén fuera de los protocolos que la gerencia impone, o que pretenda recomendar autopsias para aclarar *exitus* que le parecen evitables, o que ose ser demasiado sincero con un paciente o no proteger a un colega cuando ha metido la pata. Pronto van aprendiendo lo a gusto que se trabaja si se aplica la filosofía llamada *noquieroproblemas*.

De este modo, si sabe uno ponerse de perfil y silbar cuando se ven cosas raras, se progresa tanto en la biología como en la medicina; incluso, con los años, aquellos impulsos románticos por buscar la verdad se atenúan cuando los propios interesados se autoconvencen de que en realidad no están haciendo nada malo por dos razones: una es que todos lo hacen, y otra es que se dicen a sí mismos que los congresos y sobresueldos no afectan en absoluto a su trato con los pacientes o a las investigaciones. «¿Qué hay de malo en aceptar un regalo inocuo si en realidad mi trabajo no va a variar por eso?», parecen decirse, pero lo cierto es que hacerlo es corrupción biomédica.

Es un autoengaño confortable, una anestesia epidural psicológica que, como veremos, dejará de tener efecto llegado el momento. Funciona para blanquear su conciencia, pero en el fondo saben que es muy perverso entrar en un juego en el cual empresas privadas con su lógico ánimo de lucro deciden qué llega a la cama de un paciente y qué no, por encima del criterio médico libre de un facultativo. Si todo lo dictan los protocolos, no harían falta los médicos.

Pero si acaso el remordimiento crece demasiado, se les pasa acudiendo a la graduación de uno de sus hijos en Harvard, cosa que nunca hubiera ocurrido si hubieran hecho caso a esos ataques de honradez tan adolescentes que por suerte supieron controlar a tiempo. O también viendo jugar a su primer nieto en el jardín de la casa de la playa que compró hace años con su pareja gracias a la generosidad de ese laboratorio, y a no haberse metido en líos. Si sigue así, será nominado al Premio Nobel…, ¡y quién sabe!

Pero el tiempo pasa y el síndrome de Judas continúa creciendo dentro de los que una vez fueron buenas personas ilusionadas por ayudar a la gente descubriendo remedios que cambiarían el mundo acabando con enfermedades. Cuando en los medios de comunicación durante la pandemia se decía que los sanitarios estaban deprimidos, no era por el exceso de trabajo o por ver morir a gente. He visto a misioneros y hermanas católicos en África, Asia y América trabajando con enfermos terminales en los lugares más infectos del mundo, viendo morir personas a diario, muchos de ellos niños, y todos ellos se caracterizan por el brillo de sus ojos, irradian felicidad y positivismo, a pesar de las durísimas circunstancias.

Lo que pone tristes a muchos sanitarios se llama *mala conciencia*; es el peor de los males porque te corroe por dentro; ver que te aplauden cuando en tu interior sabes que no estás siendo valiente por miedo a perder tu trabajo y por eso aceptas colaborar en cosas que ves que no están nada claras. En el fondo saben que no están haciendo lo correcto, esto durante meses y años quita las ganas de vivir a cualquiera.

CAPÍTULO 14

EL SÍNDROME DE JUDAS

«Antes de que te diagnostiques con depresión o baja autoestima, primero asegúrate de no estar rodeado de idiotas».
Sigmund Freud

En 2004, Sally S. Dickerson y colaboradores, de la Universidad de California, publicaron en la revista científica *Psychsomatic Medicine* un estudio impresionante llamado «Efectos inmunitarios de la vergüenza y la culpa inducidas», que demuestra que la autoinculpación en humanos genera sentimientos de vergüenza que se pueden medir en un aumento de la actividad de las citoquinas proinflamatorias y el cortisol. Es decir, literalmente la vergüenza y la culpa alteran el sistema inmunológico y endocrino haciendo entristecerse a las personas que las sufren, las cuales enferman.

Mostraron que las transgresiones morales, las deficiencias personales o fallas en las que el yo es juzgado como defectuoso o inadecuado —«Soy malo, hice algo malo»— provocan una actitud de desconectarse, de retirarse de la situación que las ha desatado. La gente suele decir que quiere desaparecer, hacerse invisible. Comprobaron una disminución clara de las células

T en los cincuenta y un individuos del ensayo, que habían sido invitados a escribir en tres sesiones sobre situaciones personales de su vida en las cuales pensaran que actuaron mal ante experiencias traumáticas y emocionales, con el fin de inducir en ellos un proceso de autoculpa. Los autores afirman que la vergüenza puede tener efectos inmunológicos directos, físicos. La vergüenza es un componente central de la depresión y tiene efectos fisiológicos. Una de las conclusiones literales del estudio dice así: «Instruir a las personas a escribir sobre una experiencia traumática por la que se culparon aumentó la vergüenza, la culpa, la tristeza y otras emociones negativas. Nuestros hallazgos también apoyan la premisa de que los cambios agudos en la actividad de las citocinas proinflamatorias pueden estar relacionados con emociones específicas, como la vergüenza, en lugar de estados afectivos más globales».

Se llaman *respuestas psicobiológicas*; una de las que causa esta culpa es la reacción de lucha-huida, y la otra, la reacción de desvinculación de la meta. Ambas producen una forma profunda de desconexión conductual... Ahí tiene usted la depresión de muchos sanitarios tras tantos meses; no es exactamente cansancio, es la constatación de que lo que han estado haciendo no solo no sirvió para nada, si no que causó miles de muertes por iatrogenia.

Este mismo proceso se dio después entre las personas que presionaron a inocularse las vacunas experimentales a sus padres que no querían hacerlo y por desgracia fallecieron. No es algo cómodo de sentir y menos de admitir, por eso muchos de ellos tomaron el camino que el relato oficial les propuso: culpar de todo a los negacionistas.

Pero volvamos a los investigadores. Como un tumor, el desasosiego de conciencia suele hacer metástasis tras un evento concreto en la vida de estos profesionales: la jubilación.

Con Premio Nobel o sin él, las dos casas pagadas o incluso una tercera en Londres, los hijos independizados, brillantes, liberados ya de toda aspiración profesional, ahítos de prestigio, con la consideración de sus colegas y con las cuentas corrientes saneadas para vivir bien el resto de sus vidas, el «oscuro pasajero» sigue dentro de ellos, y sabe que cuenta con una oportunidad para triunfar, porque su hospedador ya tiene poco que perder; puede que sea el momento de hacer algo realmente bueno para la humanidad, por una vez olvidando su maldita ambición, su carrera y su dinero. El estudiante ilusionado puede brotar de pronto dentro de un biólogo de 80 años que una buena mañana decide contar todo lo que ha visto en su carrera para tratar de compensar sus años de silencio cómplice.

Cuando se ve cerca el juicio final, muchos científicos quieren reconciliarse con la verdad que durante toda su carrera han dejado de lado, y deciden levantar la alfombra para descubrir lo que siempre hubo debajo.

CAPÍTULO 15

LA VENGANZA DE LOS BOOMERS

«Cuando un anciano fallece, una biblioteca se quema».
Proverbio africano

Los promotores del relato pactado de la pandemia de COVID-19 que más adelante veremos quiénes son y que, paradójicamente, son casi todos muy viejos, no contaban con la extraordinaria fuerza de los científicos jubilados liberados del influjo de la ambición, porque ya lo obtuvieron todo, no contaban con el Consejo de Ancianos que se iba a formar en todo el mundo de forma espontánea como reacción a la cantidad de incongruencias científicas que se estaban utilizando para engañar a la gente común; despreciaron a los gerentes, que en todas las civilizaciones inteligentes hubieran regido los organismos supranacionales y que lo hubieran hecho con ética desinteresada. Los que debieran regir a la humanidad y a la ciencia, los Gandalf, los Merlines de las ficciones o los Plinio el Viejo, son los llamados *senex*, justo los que han dejado fuera de las decisiones importantes.

El médico psiquiatra suizo Carl Gustav Jung fue allá por 1800 el pionero de la psicología profunda definiendo los llamados *arquetipos*. Jung describió los arquetipos como imágenes o personajes arcaicos universales que crean patrones en la mente humana constituyendo la contraparte psíquica del instinto; forman parte del inconsciente colectivo y a menudo determinan nuestras percepciones sin que nos demos cuenta, están ahí.

Y mire usted, provienen de los relatos, los mitos, los sueños y las religiones. En la formación de estos arquetipos es tan importante la cultura ambiental que rodea a un niño desde que nace como sus propias experiencias personales. Ojo con este importante concepto de la psicología analítica porque está detrás de muchas cosas que no entendemos, como, por ejemplo, por qué personas muy inteligentes nacidas en Hispanoamérica con estudios no pueden superar la Leyenda Negra antiespañola en la que fueron educados desde niños o ser capaces de analizar objetivamente que han sido engañados tras años de pandemia y vacunas que no funcionaron.

Una vez que el arquetipo se instala, el sujeto puede no darse cuenta de que está decidiendo por él. Cuando el arquetipo que se esconde en nuestra mente sin que seamos conscientes se encuentra con un hecho empírico que lo desata, el humano más inteligente cae en un sesgo cognitivo sin saberlo. Un evento arquetípico importante es… la muerte. Por eso las imágenes de chinos cayendo por las calles o ataúdes amontonados en Madrid desataron en millones de personas un bloqueo arquetípico de su discernimiento que los condujo meses después a poner el hombro para dejarse pinchar sustancias experimentales peligrosas en un ensayo clínico sin pensárselo.

Otro arquetipo de Jung es el *senex*, el mago, el hechicero, el iluminador, la representación máxima de la sabiduría: el anciano sabio. Jung tuvo la clarividencia de prestar atención científica a nociones que otros habían despreciado, como la mitología, los sueños, la alquimia y los ritos. Todo ello le cayó encima durante un viaje al este de África en 1925, lo cual entiendo muy bien porque lo mismo me pasó a mí casi cien años más tarde sin haber leído a Jung ni saber nada en absoluto de su existencia.

Jung era proclive a aceptar lo casual como importante, era consciente del poder de las serendipias, y esto es algo que se aprende cuando se pisa por primera vez la cuna de la humanidad: las tierras de Kenia, Tanzania y Uganda. Jung, sin duda, le hubiera prestado atención de haberlo sabido a un hecho curioso, ambos sufrimos un ataque de hienas.

En uno de mis primeros safaris en el año 1998, estaba con mi mujer pasando la noche en el Lodge Seronera, en pleno Serengeti, en Tanzania, cuando al amanecer decidí salir un momento para tomar unas fotografías con la luz mágica del alba, sobre las acacias. Para quien no lo conozca todavía, los *lodges* del África salvaje son un concepto difícil de entender, pues es como si un hotel de lujo hubiera caído del cielo sobre un lugar totalmente salvaje.

Dentro, comodidades, buenos servicios, manjares y bebidas abundantes que llegan allí en pequeños camiones cada día para crear esa burbuja de bienestar en medio de la nada que le produce al viajero la engañosa sensación de que se encuentra seguro y a salvo. Pero a un metro escaso de la última antorcha de luz creada por un generador está lo salvaje en estado puro deseando recuperar el terreno que esos extraños monos desnudos les han robado a las criaturas que estaban allí mucho antes.

Hice por primera y última vez lo que jamás se debe hacer en África, creer que aquello no es lo que es, un paisaje en el cual llegar vivo al día siguiente es la máxima aspiración de todo animal. Un lugar en el cual un español recién duchado no es sino carne fácil. Mientras disparaba fotos del paisaje salí por la puerta del *lodge*, pasé el porche y me fui alejando sin darme cuenta. Como era muy temprano, antes del desayuno, no había apenas nadie en el exterior. De pronto, entre las acacias se me apareció un perfil como el toro de Osborne, posando, quieta, lejos…, ¡una hiena preciosa! El joven zoólogo que había en mí se emocionó y decidió acercarse un poco más para mejorar la perspectiva, pero entre foto y foto la gran hiena parecía mantener la distancia… No sé cuánto tiempo pasó, yo disparaba, aunque con mesura, en aquellos tiempos todavía usábamos carretes de diapositivas enormemente caros. Entonces, cuando miraba a través del teleobjetivo a mi hiena favorita, una sombra mucho más grande, más cercana a mí, pasó por el cuadro sacándome de mi estúpido sueño romántico de animales bonitos y se me ocurrió mirar hacia atrás para darme cuenta de que estaba a más de doscientos metros de la puerta del *lodge*. Pero lo peor era que la hiena que veía era solo el cebo, había otras siete más que llevaban varios minutos rodeándome según me alejaba y estaban a punto de cortarme el paso de vuelta por completo.

Me di cuenta, se dieron cuenta, de que me había dado cuenta y un escalofrío recorrió mi espinazo al verme a mí mismo como una presa a punto de ser el desayuno de una manada de hienas salvajes. No iba a ser la única vez que el trípode de la cámara me salvaría la vida en mi carrera; al fin y al cabo, se trata de un palo metálico, tricorne y acabado en punta muy parecido a un arma primitiva. No recuerdo muy bien lo que pasó después, me puse en modo facóquero y protegiéndome con el trípode en ristre logré retroceder hasta el porche del *lodge*… «Ya estoy lista ¿bajamos a desayunar?, ¿por qué estás tan pálido Fernando?».

Entonces aprendí para siempre que las hienas más peligrosas son las que todavía no ves, y que cuando se dejan descubrir significa que ya es demasiado tarde para escapar de la trampa. Ignoro si Jung sacó la misma conclusión, pero me viene fenomenal para escribir este libro el pensar que sí. Tras su ataque de las hienas, a Jung lo rebautizaron los guerreros *elgonyi* del monte Elgón con el nombre de Mzee, que significa «el anciano», a pesar de que entonces tenía solo 50 años. En noviembre de 2016, durante una ceremonia llamada *empaako*, a mí en el Reino de Toro, en Uganda, me renombraron *araali*, cuyo significado debe permanecer secreto para funcionar.

Hace tiempo que, en mis viajes para rodar documentales por todo el mundo, aprendí a escuchar con atención las creencias locales acerca de los animales, sobre todo las referentes a su mística, por eso me fascinó siempre el concepto de *tótem*. No hay lugar donde no haya comprobado que las creencias ancestrales sobre las criaturas salvajes son solventemente ciertas si uno sabe interpretarlas dejando aparte el engreimiento cultural occidental.

Para aquel europeo o estadounidense que se crea por encima de estas cosas, le recuerdo que los nombres de vehículos y artículos de todo tipo, así como las marcas que él mismo compra, no dejan de ser finalmente una versión moderna del tótem de toda la vida. Los hombres adquieren productos que se llaman León, Puma, Jaguar, Ram, Lacoste o Peugeot cuyos emblemas son los mismos que están pintados en las cuevas de Altamira, Lascaux o las rocas sagradas de Australia. Los departamentos de *marketing* de las empresas saben perfectamente que jamás venderían un modelo de coche que se llamara Flor al sector masculino de sus clientes, o que nadie portaría prendas de moda cuyo emblema fuera una garrapata rampante. No hemos cambiado tanto, salvo que ahora somos mucho más idiotas porque nos creemos muy listos cuando ni siquiera sabemos lo que somos.

Donde Jung y un aullador de ustedes tuvimos nuestros respectivos ataques de hienas, estas reciben el nombre de *fisi*, en suajili. En la costa atlántica de África los Bambara, que son parte de la etnia mandinga, las llaman *sumango*, que significa «el hediondo»; incluso así, en todo el continente es un animal mágico. Algún día les escribiré más sobre esto, pero les aseguro que incluso el catolicismo tiene en su doctrina que una de las formas a través de las cuales los ángeles de Dios se presentan a los cristianos para ayudarlos es transformándose en animales. Observen si no a esos ancianos urbanos cuando pasean a sus perros y analicen quién está paseando a quién; les dan la vida, les curan la soledad…, tal vez muchos de ellos son ángeles.

La teriantropía es la transformación de humano en animal y viceversa, pero lo que nos interesa es su profundo sentido psicológico. Mi lema en estas cosas es «Fernando, escucha, que algo hay», disculpen lo poco heráldico que suena. Lo cierto es que, al contrario del mal concepto occidental de estos increíbles animales matriarcales, cuyas hembras son más fuertes que los machos y además poseen un clítoris tan grande que hasta hace poco se creía que era un pene, en el continente negro las hienas son criaturas solares que trajeron el calor del sol a la frialdad de la tierra.

Antes de que algún lector atentísimo las culpe del cambio climático, déjenme decirles que simbolizan la inmortalidad, pero, sobre todo, hay algo que me gustaría pensar que es cierto, dicen las creencias de muchos de estos pueblos que aquellos a los que les ha sido enviada la hiena como tótem quedan marcados por la habilidad de separar las mentiras de la verdad de forma superior al resto de los humanos.

En Senegal, los hombres hiena son respetados como grandes sabios, aunque también es frecuente ver a mocosos gateantes de *Homo sapiens* jugando con estiércol de hienas porque algunas mamás aún están convencidas de que haciendo esto caminarán antes; pero esto yo no lo creo… todavía.

Además del ataque de las hienas, Jung y yo coincidimos en otras dos cosas: una es que tomamos el mítico Tren Lunático, que en su época estaba aún construyéndose, y que se llama así porque conduce desde Mombasa en la costa de Kenia hasta el lago Victoria, en Uganda, al pie de las montañas de la Luna que ya dibujaban los antiguos egipcios en sus mapas como las Fuentes del Nilo, y la otra, en una sensación creo que genética que todo explorador atento siente al pisar por primera vez el horizonte de esta parte de África: «Ya he estado aquí antes».

El primer viaje al este de África es siempre un viaje de vuelta.

Jung lo describió en su libro *Recuerdos, sueños y pensamientos* tras ver desde el tren la figura negra y delgada de un guerrero *masai* de pie sobre una colina apoyado en su lanza: «[…] su mundo era el mío desde hace incontables milenios».

CAPÍTULO 16

LA SOMBRA

> *«La ciencia consiste en sustituir el saber que parecía seguro por una teoría, o sea, por algo problemático».*
>
> José Ortega y Gasset

Pero además del anciano sabio, Jung descubrió en su primer viaje a África otro arquetipo que nos va a enseñar mucho sobre lo acaecido en el mundo en el año 2020, lo llamó «la Sombra».

Jung estaba convencido de que el hombre vivía siempre en algún mito que varía según las tradiciones de las diferentes épocas. Había estudiado a los héroes de todas las culturas, se encontraba fascinado por su influencia en el inconsciente colectivo. Partió de la idea de que existen cosas en su alma que no hace él. Así definió la Sombra como el inconsciente personal en su conjunto que supone unos valores ocultos que compensan la personalidad consciente, es decir, el «lado oscuro» de uno, aspectos de nuestra personalidad que no queremos admitir y con los que no nos identificamos..., ¡pero que nos mueven a hacer cosas que buscamos justificar!

Para mí un ejemplo de la Sombra es lo que mueve a muchas personas a viajar a países fascinantes de África convenciéndose a sí mismos y a sus amigos de que van a cooperar cuando en realidad no quieren reconocer que lo que les fascina es el viaje en sí mismo porque es exótico y divertido. A menudo, gastan miles de euros en vuelos, hoteles y manutención para llevar apenas unos bolígrafos o medicamentos que cuestan mucho menos de lo que gastaron; después se vuelven felices con su «foto Oreo» (así llamo a la foto paternalista de un blanco entre dos negros en un país del llamado tercer mundo), convencidos de ser unas personas extraordinarias. Si de verdad querían echar una mano, hubiera sido mejor donar el dinero que gastaron para ir tan lejos en persona a misioneros o cooperantes de verdad que ya están allí desde hace años residiendo. Es curioso que los aficionados de este turismo buenista nunca elijan ayudar en sus propias ciudades donde suele haber barrios que pasan muchas más privaciones que esas hermosas tribus africanas o suramericanas que visitan y a las que en realidad ayudan poco o nada. La Sombra, su sombra, les dice: «Ve», y ellos creen realmente que se están sacrificando.

Podemos detectar la Sombra de Jung, como el lector avezado ya habrá adivinado, en la actitud de la mayoría de los médicos del mundo, así como en los biólogos que trabajan en la industria farmacéutica: «Lo hago por el bien de la humanidad», se dicen ellos también.

En este caso puede incluso que intervenga el otro tipo de Sombra definida por Jung, la Sombra colectiva. Se trata de la parte inferior de nuestra personalidad, de esas inclinaciones psíquicas que no son asumidas conscientemente por ser totalmente incompatibles con lo que creemos que somos. Sería como un agente interno antagonista del yo. Si alguien se lo recuerda, provocaría la mayor de las indignaciones.

Jung añade que esta sombra puede ir mucho más allá llegando a ser un sumatorio de todo nuestro pasado evolutivo, nuestros impulsos agazapados más primitivos, como lo expuse en mi documental *El mono egoísta: la Tribu de la Corbata*.

Nadie sería capaz de reconocer en voz alta que quiere más a un hijo que a otro porque se parece físicamente más a él, o que la muerte de sus ancianos padres en el fondo trae consigo que se venda su piso y los dividendos recibidos acaben con las deudas familiares que ya duran años; sería demasiado duro mirar a nuestra propia sombra, pero ahí está. La realidad es que millones de personas en países desarrollados no dudaron en presionar a sus padres ancianos a vacunarse sin garantía alguna y, sin embargo, cuando les llegó el turno a los hijos pequeños decidieron no hacerlo: la Sombra.

Jung especifica también que tratar de suprimir, omitir o ignorar la presencia de la Sombra es peligroso porque puede llevarnos a que nos domine con mayor intensidad; así como tampoco recomienda lo contrario, es decir, entregarse a ella identificándose con el arquetipo, lo cual llevaría al yo a un desastre absoluto: dejarse llevar por los impulsos más primitivos.

Adivine usted a cuál de las dos opciones nos avoca el globalitarismo. Sí, a la segunda; ya vimos el nefasto «Porque yo lo valgo» de los médicos, el «Me lo merezco» de los científicos o la máxima que se abre paso entre las últimas generaciones: «Vive la vida intensamente, toma lo que te apetezca; si no lo haces tú, lo hará otro; no eres malo, eres más listo».

Pero no todo es malo en la Sombra, Jung nos avisa de que está detrás de cosas positivas como el impulso creador. Todo creativo declarará en las entrevistas que le hagan cuando sea famoso que todo lo hizo por el arte, por la música, por la danza, por la pintura… No es cierto.

Y aun a riesgo de que alguno me abandone, les diré que la Sombra máxima está en los deportistas de élite y sobre todo en los alpinistas, dos de los colectivos más sobrevalorados del planeta Tierra. Que hacer sufrir agónicamente a tu madre, a tu padre, a tu pareja, a tus hijos, a tu familia en general durante toda tu existencia porque arriesgas tu vida para coleccionar montañas —a las que ha ascendido ya muchísima gente y cuya coronación no aporta nada en absoluto al mundo salvo a tu ego— se trate en los medios de comunicación como algo heroico no me lo puedo creer. Ojo, no me malentiendan, los exploradores, los primeros que lo hicieron, sí tenían un sentido, igual que los que van en pos de filmar, fotografiar, estudiar especies, hacer experimentos científicos o efectuar ayudas a otros... Pero, ¿subir por subir para presumir después y recibir homenajes? Háganlo si les satisface, por supuesto, pero reconozcan que es porque les gusta y punto, el Everest no necesita que lo escale nadie más.

En mi *molesta* opinión los dos arquetipos de Jung que hemos desglosado, la Sombra y el Anciano Sabio, explican a la perfección cuál es el motivo por el cual a los malhechores del globalismo les interesa desde hace años llenar el mundo de políticos, biólogos y cargos médicos demasiado jóvenes en lugar de sabios más mayores. Esta es la sorprendente causa que impulsó a las sociedades actuales a poner a la cabeza de todo a individuos que rondan los 40 años de edad y que trabajan en realidad para sí mismos, en lugar de a los que deberían estar en esos puestos con más de 60: los jóvenes son más fáciles de controlar, son más ambiciosos, sus casas en la playa están aún por comprar, sus hijos son pequeños, sus carreras profesionales todavía podrían ser hundidas... ¡Los viejos sabios no interesan cuando lo que se quiere es establecer un Nuevo Orden Mundial (NOM) y una Agenda 2030 a nivel mundial engañando a todo el mundo.

Por eso tal gerontocidio social hizo saltar a unos personajes inesperados cuando llegó la COVID-19.

Miles de miembros de las generaciones llamadas *baby boomers* (nacidos entre 1946 y 1964) y generación X (nacidos entre 1964 y 1980) se han alzado como la mayor amenaza para los planes globalistas por tener unas características irrepetibles en la historia: sus padres eran damas y caballeros, mientras sus hijos son astronautas. Se encuentran con un pie en los viejos valores morales y religiosos, y el otro, en el mundo virtual, el cual controlan perfectamente sin que les domine a ellos. Son capaces de leer un libro por la mañana y hacer un vídeo de YouTube viral por la tarde, controlan Tik-Tok y leen a Lope de Vega.

Entre sus progenitores y sus descendientes hay un abismo cultural, y ellos están en medio conservando lo mejor de los dos mundos.

Esas personas, cuando se inició el cuento del pangolín en el año 2020, tenían entre 55 y 70 años y estaban inmersos en una sociedad que los despreciaba; sus propios hijos y nietos los escuchaban cada vez menos, sobre todo a los que no disponían de grandes recursos económicos —a una abuela rica todos la quieren— , veían como incluso los actores y personajes de las películas y series de TV escritas para personas de su edad que antes interpretaban Sean Connery, Michael Caine, Donald Sutherland, y otros muchos de aspecto maduro, ahora eran interpretados por tipos crecientemente aniñados... ¡Hasta Sherlock Holmes o el Cid parecían adolescentes con granos a punto de hacer un botellón en un polígono industrial!

Por eso no me cabe la menor duda de que muchos de ellos, llenos de talento, experiencia e inteligencia en su mejor momento, al ver cómo estaban engañando a sus hijos y nietos, tuvieron la necesidad de hacer algo. Un adolescente rebelde que estaba dormido en busca de una causa justa brotó dentro de personas que llevaban años cumpliendo leyes y normas creyendo firmemente que era por el bien de todos. Vieron entonces meridianamente que habían sido engañados y que habían conducido a sus descendientes hasta lo más profundo de la almadraba.

Entonces se produjo la rebelión de los *boomers* entre los cuales hay premios nobel y eminencias de la biología, la medicina, la veterinaria, la ingeniería y hasta artistas internacionales —todos ellos, por supuesto, con sus casas ya pagadas hace años—.

CAPÍTULO 17

EL CUENTO DEL PANGOLÍN

«Solo se puede tener fe en la duda»,
Jorge Wagensberg.

No es el objetivo de este libro hacer un recorrido exhaustivo por lo ocurrido en la humanidad desde enero del año 2020, sobre todo de la versión oficial a la que llamo el *cuento del pangolín*, porque estamos todos hartos de oír hablar de ello durante años; pero sí que voy a tratar de hacer un resumen rápido, conciso y determinante de lo que ha pasado a casi tres años vista.

Seré breve. Un grupo de personas muy poderoso estaba financiando experimentos biológicos de ganancia de función con eso que ellos llaman *virus*, patógenos humanos desde hace decenas de años. Estos experimentos que rozan o sobrepasan ampliamente las fronteras de la bioética se justifican como una búsqueda de futuras vacunas, pero en realidad se conocen documentos y testimonios que hablan directamente de armas biológicas.

Esta idea se confirma cuando sabemos que están manipulando «virus» de otras especies animales mezclándolos con los humanos en el laboratorio. Una de las características principales de los virus es que no pueden superar lo que se llama la *barrera de especie*, es decir, no pasan fácilmente de unos animales a otros y si lo hacen duran poco y no logran contagiar de humano a humano. La barrera de especie es una de las principales defensas sin las cuales nos habríamos extinguido hace millones de años; si esos supuestos virus malos que Pasteur inventó se dedicaran todo el tiempo a meterse en nosotros a partir de la infinidad de animales que nos rodean, no estaríamos ni usted ni yo aquí.

Mi obsesión en este libro es utilizar la menor cantidad de términos técnicos de biología que pueda para no entorpecer la comunicación de lo esencial, pero no confundan ustedes este esfuerzo con la ausencia de erudición. Lo último que quiero es contribuir al ruido seudocientífico que ha sido el causante de que tantos millones de personas se rindan y pongan el brazo, presos de un fenómeno llamado *anomia*.

La anomia es un estado de aislamiento mental del individuo derivado de la desorganización social que lo rodea en unas determinadas circunstancias; la persona sometida a la falta o incongruencia de normas sociales entra en un estado mental alienado que lo hace manejable, se rinde: «No entiendo nada, obedezco». Este caos provocado por las normas contradictorias de los Gobiernos respecto a mascarillas, confinamientos, asintomáticos, contagios, que además eran diferentes casi en cada ciudad del mundo, produce una anulación de yo. Países enteros sometidos a una hipocondría colectiva de individuos anómicos paralizados por el terror a algo que no ven.

Con el yo fracturado de la gente, el totalitarismo ofrece una solución fácil dando a las masas algo en lo que creer e identificarse que simula una estructura estable y a la que el anómico se acoge como única salida, otra vez la almadraba.

Estoy convencido de que la gente que cree que los Gobiernos han sido poco efectivos se equivoca. Han creado el caos deliberadamente porque ese era el objetivo, implementando medidas absurdas creaban la anomia, que se juntaría con el miedo en una combinación que anula el pensamiento crítico de los más inteligentes, incluidos los propios biólogos y médicos de todo el mundo, que son tan humanos como cualquiera, aunque no lo parezca.

El 17 de noviembre de 2019, se detecta un enfermo en la ciudad china de Wuhan con unos síntomas respiratorios agudos asociados en principio a una neumonía bilateral que suponen causada por un nuevo virus.

El 10 de enero de 2020, biólogos chinos describen ese «nuevo virus» y lo llaman SARS-CoV-2, que significa *severe acute respiratory syndrome corona virus 2*, porque les parece similar al SARS-CoV que apareció en los años 2002-2004 en Foshan, China. Seguidamente describen una supuesta enfermedad nueva causada por ese microbio a la que denominan oficialmente COVID-19.

Es importante que tengamos muy presente que el virus, la enfermedad nueva y la relación causa-efecto entre ellos son tres cosas muy diferentes que podrían existir o no de forma independiente. Es decir, podría haber un «virus nuevo» que no cause nada en humanos, podría haber una «enfermedad nueva» que sea producida por otra cosa (tóxicos ambientales, por ejemplo) o podrían existir ambos pero no tener relación causal alguna.

La confusión creada al respecto por las autoridades sanitarias mundiales y trasladada maliciosamente por los medios de comunicación a las personas es una de las bases de la dialéctica falsa del relato que hizo a gente inteligente caer en unas creencias que nunca fueron demostradas en realidad.

Por tanto, decir «He cogido el COVID» es una expresión inexacta, una sinécdoque que se presta a generar miedo porque no distingue entre esos tres conceptos distintos que deben ser analizados de forma independiente. Y en esto se basó la falacia, como veremos; crearon un síndrome ficticio juntando los cien síntomas más frecuentes de las enfermedades respiratorias estacionales y alérgicas del ser humano bajo una sola denominación, así COVID-19 era casi todo, y todo el mundo creería haberse contagiado cuando a ellos les interesara que así fuera.

Desde el principio comienza el lavado de cerebro de la población mundial a través de las imágenes, unidas a una sugestión ante los datos manipulados que han demostrado que todos son verdades a medias, cuando no directamente falsos. Empieza el bombardeo, murciélagos dentro de sopas, personas en China que se caen por las calles, policías chinos encerrando a gente...

Pero la información que llega de China es muy oscura, parece ser que el Partido Comunista y su presidente Xi Jinping están ocultando algo. Poco antes, en diciembre de 2019, se filtró que un oftalmólogo chino de 34 años llamado Li Wenliang observó a siete pacientes con una extraña neumonía de origen desconocido y se asustó mucho, tanto que escribió un mensaje en su chat de médicos advirtiéndolo y añadió: «No difunda el mensaje fuera de este grupo. Haga que su familia y seres queridos tomen precauciones».

Al día siguiente, él y ocho científicos más de ese chat privado fueron encarcelados y obligados a firmar confesiones reconociendo ser culpables de «sembrar rumores».

El 7 de febrero de 2020 Li Wenliang murió supuestamente de COVID-19, la disidencia china lo considera desde entonces un mártir al estar convencidos de que fue asesinado por el Partido Comunista; su muerte se consideró un «accidente laboral».

Tres meses después su viuda dio a luz a su segundo hijo y escribió: «Mi esposo, ¿nos ves desde el cielo? Tu último regalo ha nacido hoy. Trabajaré duro para amarlo y protegerlo». A mi juicio, estamos ante el primer mártir de la gran mentira del SARS-CoV-2, que, como veremos, va dejando un rastro de muertes extrañas de todo aquel que sepa demasiado o se enfrente al cuento del pangolín.

Sí, porque esa fue la primera versión de la fábula que el Gobierno chino se inventó para explicar el brote de coronavirus en Wuhan y que, como veremos, les venía muy bien a todos, sobre todo a los oportunistas defensores del cambio climático y los biólogos bien pagados por el globalitarismo para difundir con cualquier excusa que el planeta se calienta por causa de las actividades humanas y que las especies se extinguen por eso.

Se trataba de alejar las sospechas de los laboratorios biológicos y de los experimentos ilegales con virus.

La ciudad de Wuhan cuenta con más de once millones de habitantes, aunque todo el mundo en aquellos días la imaginaba como una aldea. La historia oficial afirmó entonces que el virus se originó de forma natural en lo que se llama allí *mercado húmedo* en la ciudad de Wuhan, donde se vendían animales salvajes vivos para consumo humano. Esto era muy conveniente porque exculpaba de posibles negligencias biológicas al Gobierno, señalaba hacia un proceso casual de salto de virus entre especies (lo cual sabemos que no es posible) y además permitía culpar al tráfico de especies protegidas, la emergencia climática y al consumo de carne de la aparición de SARS-CoV-2.

En definitiva, la culpa era de usted, de la gente de todo el mundo que trata mal a la pobre naturaleza. De inmediato, hordas de biólogos colaboracionistas de todo el planeta comenzaron a publicar artículos, libros y a hacer colaboraciones en los medios promulgando la idea de que este virus mutante era una especie de venganza del planeta Tierra enfermo que se quitaba de encima a los parásitos humanos. Una idea eugenésica que les encanta a los autores de toda esta comedia: sobra gente en el mundo, pero no son ellos, claro, somos usted y yo.

Esto del pangolín fue lo que me hizo caerme del guindo a mí en concreto. Las televisiones del mundo emitían imágenes de sopas de murciélago diciendo que era supuestamente el otro hospedador intermedio del «nuevo virus», y yo sabía que eran filmadas en la isla de Palau, en la lejana Oceanía, porque en ese mercado húmedo en concreto no se vendían murciélagos.

Entonces me puse a investigar como si de un documental se tratara sin saber que eso me iba a traer la ruina personal y profesional en los años siguientes.

Este hecho del mercado me parece importante a pesar de que mucha gente piense que no, porque fue la primera de toda una serie de mentiras que el mundo se tragó, por eso para mí es vital que aprendamos a detectar estos relatos falsos desde su inicio para reconocerlos cuando, a buen seguro, los vuelvan a utilizar para convencernos de nuevos desastres con el fin de robarnos las libertades. Lo intentarán otra vez con guerras ficticias, con catástrofes naturales exageradas, con plagas, mareas de refugiados, violencia en algún lugar y, por supuesto, con nuevos virus sacados de la factoría de ficción Global Productions.

En el Huanan Seafood Whole Market al que las autoridades chinas decidieron echar la culpa no se vendían murciélagos, y mucho menos de los que estábamos viendo dar la vuelta al mundo en imágenes, que eran casi todos frugívoros. Había mucho de racismo en las sensaciones de asco que los occidentales urbanitas sentían al ver esos bichos estofados.

Cuando rodé para un documental en 2007 uno de estos mercados en Hanoi, Vietnam, también una dictadura comunista, me explicaron por qué allí los animales están todos vivos; no hay sistemas de refrigeración, por tanto, la carne debe ser sacrificada justo antes de la venta. Esto convierte a esos lugares en una mezcla de zoológicos y mataderos bastante desagradables.

Pero no era este el caso de Wuhan, que no era una zona rural lejana, sino una gran ciudad bastante moderna. El cuento chino dijo que fue el malogrado Li Wenliang quien relacionó a los primeros pacientes con el mercado, nunca nos lo podrá explicar.

Pero, ¡oh, casualidad! Hay un Centro de Control y Prevención de Enfermedades de Wuhan que está a unos trescientos metros del famoso mercado, y varios laboratorios de investigación de virus a muy pocos kilómetros. Sin embargo, los biólogos del mundo vieron la oportunidad de engrosar sus donaciones y comenzaron en tropel a publicar miles de artículos de todo tipo relacionando la emergencia viral con el maltrato a la naturaleza, arrimando el ascua a su sardina.

Desde el principio la Organización Mundial de la Salud, OMS, con su director general el biólogo etíope eritreo Tedros Adhanom Ghebreyesus a la cabeza, estuvo cubriendo las mentiras de China sobre absolutamente todo, y retrasando o acelerando declaraciones cuando convenía al gigante amarillo.

Así, el 7 de enero de 2020, biólogos funcionarios de la OMS publican que han identificado el nuevo virus en el Huanan Seafood Whole Market, apoyando el relato chino.

Adhanom, que además de biólogo es doctor en Filosofía, sustituyó al frente de la organización a la china Margaret Chan con los votos de la Unión Africana, compuesta por cincuenta y cinco estados que llevan años siendo controlados por las inversiones chinas en el continente; por tanto, fue colocado allí en 2017 justo a tiempo para vectorizar lo que tenían planeado hacer para 2020.

Tedros Adhanom tiene un pasado más que turbio, como ministro de Salud y de Relaciones Exteriores en Etiopía de 2005 a 2012 fue acusado de genocidio. Incluso se atrevió a proponer al presidente de Zimbawe, el dictador Robert Mugabe, como embajador de Buena Voluntad de la OMS en 2017.

La periodista Frida Ghitis publicó en octubre de 2017 en el *Washington Post* un artículo diciendo esto al respecto:

> Tedros claramente no esperaba la reacción que siguió. El primer ministro canadiense, Justin Trudeau, dijo que primero pensó que era una «mala broma del día de los inocentes». El ministro de salud de Irlanda calificó la decisión de «ofensiva y extraña». Y una alianza

de organizaciones de salud, cuyos miembros estaban en la sala de Montevideo cuando Tedros hizo el anuncio, emitió un comunicado conjunto diciendo que estaban «conmocionados y profundamente preocupados».

Incluso los altos funcionarios de la OMS recurrieron a Twitter para quejarse. «El personal superior de la OMS se quedó estupefacto», señaló uno, y agregó que sus colegas estaban «muy preocupados» por el impacto en la credibilidad y la financiación de la OMS.

Quedaba claro que el intento de Adhanom, que después tuvo que cambiar de opinión, era una clara compensación o pago a Mugabe por apoyar su nominación a la OMS desde la Unión Africana de la que era cabeza un año antes.

Es realmente chocante que el historial más que turbio de Adhanom haya pasado inadvertido para el público mundial durante todos estos años por el ocultamiento sistemático de los medios de comunicación. Este es el tipo de persona que, si no se hace algo pronto, regirá la salud en todo el mundo y cuyas decisiones constante y deliberadamente equivocadas contribuyeron a extender el miedo desde 2020. Tedros llama al Dr. Fauci *my brother* Tony, ya veremos pronto a este otro personaje siniestro.

Una de las paradojas de toda esta información, que pronto usted se preguntará por qué no obra en manos de la gente, es que se podía rastrear perfectamente al menos hasta 2020, porque casi todos los biólogos implicados habían publicado en revistas científicas en qué estaban trabajando desde hacía años, no era nada secreto; estaban orgullosos de estar extrayendo «virus» de murciélagos salvajes y cultivándolos en laboratorios sobre células humanas para ver qué pasaba; estaban contentos de «resucitar» cepas como la de la gripe de 1918, así como de enredar con todo tipo de microbios mezclando especies desde hace decenios. Y no solo lo hacían, sino que recibían miles de millones de dólares para llevar a cabo esas investigaciones biológicas vinculadas siempre a instituciones militares y de seguridad… ¡Y todo eso estaba ahí, pero casi nadie lo había buscado desde la perspectiva de una pandemia mundial!

Hallazgos o experimentos nada conocidos que no salían del ámbito de los biólogos especializados, de pronto, cobraron otro cariz que podría ser peligroso para los planes globalistas si demasiada gente se preguntaba por qué se estaban gastando ingentes cantidades de dinero público en alterar microbios y provocar posibles mutaciones para que superaran la barrera de especie con el peligro potencial de causar nuevas enfermedades. Solo hay una explicación a esto.

CAPÍTULO 18

PATENTE DE CORSO

«En cuestiones de ciencia, la autoridad de miles no vale más que el humilde razonamiento de un único individuo».
Galileo

Todo empezó en 1980, hace más de cuarenta años, con la entrada en vigor en Estados Unidos de la llamada Ley Bayh-Dole, que puso a las universidades a merced de las empresas privadas respecto a sus hallazgos de investigación biológica. Puedo afirmar que esta ley destruyó la ciencia para siempre al permitir que las instituciones públicas como universidades, pequeñas empresas y entes «sin ánimo de lucro» pudieran patentar y comerciar con sus descubrimientos biomédicos, aunque hubieran sido obtenidos con dinero público; así como aceptar financiación de empresas privadas y grandes multinacionales para ello.

La Ley Bayh-Dole decidió que los descubrimientos científicos realizados en las universidades no debían hacerse públicos en beneficio de la población; si, léalo usted dos veces.

El dinero de las *Big Pharma* y el capital de los grandes fondos de inversión entraron en el sacrosanto ámbito de la ciencia, desde entonces la investigación biológica dejó de ser algo que se hacía por el bien de la humanidad para convertirse en el mayor negocio de la historia. Un simple cambio legislativo como este está detrás de todo lo que viene ocurriendo desde entonces y que denuncio en este libro; el *consenso científico* es privado, esa idea romántica que todavía tiene mucha gente de que los científicos buscan descubrir medicamentos para salvar gente no es real desde hace más de cuarenta años.

En el momento en el que universidades como Harvard, Stanford, MIT, Princeton, Yale o California, por citar solo algunas, empiezan a medir sus líneas de investigación y publicaciones en términos de ingresos y gastos como si fueran empresas cualesquiera, se extingue por completo su esencia, que debería ser avanzar en el conocimiento por el bien de la humanidad. Empiezan a medir qué conviene y qué no, a pensar que no hay que «ofender» a las multinacionales y fundaciones que les donan miles de millones ni iniciar ninguna línea de investigación que vaya en contra de sus recomendaciones. Incluso funcionarios del Gobierno según esta ley podrían patentar sus descubrimientos.

De este modo, lo que antes era prestigio científico se convierte en mercantilismo, en una carrera de las universidades, fundaciones, asociaciones y entidades de todo tipo por pisarse unas a otras las patentes. Desde ese momento un biólogo que trabaje para una institución pública financiada con dinero del estado puede mezclar sus fondos con donaciones privadas y puede además patentar sus descubrimientos a su nombre para siempre, venderlos a quien quiera al precio que le dé la gana.

Por ejemplo, el biólogo español que ha estado apareciendo en las televisiones muchas veces, Adolfo García Sastre, nacido en 1964 en Burgos, codirector del Global Health & Emerging Pathogens Institute del Hospital Mount Sinai de Nueva York, becado Fulbright (consideradas las becas de globalismo por excelencia e incluso con ciertas vinculaciones a la CIA) y becado postdoctoral OTAN, centra sus investigaciones desde hace años, teóricamente, en mejorar las vacunas contra el virus de la gripe y los coronavirus investigando diversas interacciones entre el hospedador y estos agentes. Posee al menos las siguientes siete patentes activas:

- Vacunas y sistemas de expresión de ARN del virus de la enfermedad de Newcastle recombinante.
- Nuevos métodos y sustratos deficientes en interferón para la propagación de virus.
- 20090061521 Vacunas y sistemas de expresión de virus de ARN de cadena negativa recombinante.
- 20090053264 Virus de cadena negativa atenuados con actividad antagonista de interferón alterada para uso como vacunas y productos farmacéuticos.
- 20090028901 Métodos de cribado para identificar proteínas virales con funciones antagonistas del interferón y posibles agentes antivirales.
- 20090010962 Virus de la influenza porcina modificado genéticamente y usos del mismo.
- 20080254060 Virus de la influenza equina modificado genéticamente y usos del mismo.

En 2007, mi adorado Michael Crichton, al que ya vimos como autor de la novela *Jurassic Park*, que era médico además de un visionario y excepcional investigador, que lo hacía para escribir sus novelas. Se mostraba indignado por las patentes genéticas en Estados Unidos como dejó escrito en el epílogo de su novela *Next*: «Las patentes genéticas son innecesarias, desaconsejables y contraproducentes». Le escandalizaba que pudieran patentarse los genes porque los genes son producto de la naturaleza y, por tanto, no deberían tener dueño. Para Crichton patentar genes es como patentar la nariz, por ejemplo, y asegura que las patentes genéticas perjudican la asistencia sanitaria y obstruyen la investigación, citando el caso de la farmacéutica Myriad, en el que, después de patentar dos genes relacionados con el cáncer de mama, decidieron cobrar a tres mil dólares la prueba. Pero cuando realmente leer a Crichton alertando al mundo sobre lo que las patentes genéticas van a suponer a los pacientes pone los pelos de punta es cuando menciona al SARS, al primero claro, afirmando que la investigación de esa pandemia se vio entorpecida porque los biólogos desconocían quién ostentaba la titularidad del genoma, pues se habían presentado tres solicitudes de patente simultáneas.

La inmensa mayoría de la gente ignora esto, que está detrás de todo lo que está ocurriendo y que seguirá corrompiendo la ciencia y matando personas mientras no se anulen estas leyes sustituyéndolas por otras que protejan a la ciencia y a los investigadores honrados. El mundo debe saber que hoy en día la hepatitis C, el VIH, la gripe hemofílica y varios genes de la diabetes, entre otras muchas patologías, tienen dueño. «Nadie debería poseer una enfermedad», sentenció Crichton hace quince años.

La consecuencia de la Ley Bayh-Dole es que la mayoría de los biólogos y demás científicos universitarios que trabajan con genes o tratamientos génicos están ligados a grandes compañías farmacéuticas, o bien a otras que han fundado ellos mismos.

Sí, querido lector, estos y sus empleados son los que vieron ustedes durante años declarando en todas las televisiones y radios del mundo que vacunarse era inmunizarse sin riesgos. Es como preguntarle a un vendedor de BMW si los vehículos BMW son los mejores.

El resultado no puede ser más grotesco; los ciudadanos financian la costosa investigación, pero, cuando esta da su fruto, los biólogos venden sus resultados en su propio beneficio institucional y personal, tras lo cual vuelve a venderse al contribuyente con el consiguiente recargo. ¿Hay negocio mejor?

Más adelante demostraré que las llamadas *vacunas* contra la COVID-19 contienen ARN mensajero sintético patentado que es capaz de introducir instrucciones nuevas en el ADN humano de los inyectados. ¿Convierte eso a los vacunados, que no olvidemos que fueron voluntarios, en sujetos de un contrato implícito de propiedad intelectual sobre sus cuerpos? Según la Ley Bayh-Dole, es más que probable.

CAPÍTULO 19

BAT WOMAN

«Toda tecnología lo suficientemente avanzada es indistinguible de la magia»
Arthur Clark

Pero volvamos a Wuhan. La opinión pública mundial empezó a torcer el ceño a pesar de que la OMS seguía declarando que «hay pruebas concluyentes de que el brote se originó en transmisión no alimentaria en el Huanan Seafood Market», cuando supo que a menos de cuarenta kilómetros de ese mercado se encontraba un laboratorio biológico de nivel 4 de bioseguridad (la mayor que existe) llamado Wuhan Institute of Virology, donde trabajaba una bióloga conocida como *Bat Woman* por sus trabajos de años con coronavirus de murciélagos salvajes: Shi Zhengli. Ella, junto con Cui Jie, se supone que identificó y nombró por primera vez la secuencia genética de SARS-CoV-2 publicada en la revista científica *Nature* en febrero de 2020.

La posibilidad de que, de todos los mercados húmedos de Asia, el estofado de pangolín al aroma de murciélago deconstruido del que dice el Gobierno chino que salió el virus estuviera justo al lado de la Dra. Murciélaga es infinitesimal. Por increíble que parezca, dos años después toda la población vacunada del planeta lo seguía creyendo.

A pesar de lo difícil de creer que es el cuento del pangolín, el globalismo pone en marcha su maquinaria de propaganda científica y la misma revista científica *Nature* publica un artículo el 26 de marzo del mismo año, en el cual unos biólogos de la Universidad Agrícola del Sur de China «encuentran» dieciocho pangolines de contrabando, ¡qué casualidad!, capturados hace tres años, que aseguran que portan «virus similares a SARS-CoV-2», y especulan con que los pangolines sean el segundo hospedador tras los murciélagos y antes de los humanos. Los periodistas del mundo se lanzan a publicar lo que el artículo no pone, porque mirando la letra pequeña de los dieciocho pangolines solo en cinco encontraron coronavirus, es decir en trece no, y esa «similitud» forzada del 85 al 92 % es científicamente una ridiculez, hay menos distancia genética entre nuestras moscas del vinagre y nosotros.

Imagínense la cara de perplejidad que se nos estaba poniendo a los biólogos del mundo medio atentos y que no cobrábamos del globalismo al leer estas aberraciones científicas, comprobando como el planeta entero con todos sus médicos dentro se comían el pangolín con patatas. Recuerdo en concreto que un insigne biólogo mexicano, amigo mío, que todavía no me habla desde que le dije que lo del pangolín era un cuento, ya estaba sacando el segundo volumen patrocinado con el tema de cómo los virus salen de la selva para devorarnos porque la estamos destruyendo. Entre estos biólogos colaboracionistas, mi compañero de la universidad Fernando Valladares, del Centro Superior de Investigaciones Científicas, sacaba memes en Twitter cada semana relacionando el cambio climático, la biodiversidad y las pandemias como si no hubiera un mañana, literalmente. Por supuesto, recibió el Premio BBVA a la Divulgación Científica en 2021, dotado de miles de euros, que al parecer algunos con ciento treinta películas documentales durante veinticinco años no merecemos. Recuerde, el globalismo premia a sus buenos chicos de ciencia. El mexicano lo había recibido dos años antes.

La propia Dra. Shi Zhengli declaró indignada: «La culpa de la propagación del virus es del ser humano [...]. La naturaleza castiga a la raza humana por mantener hábitos de vida incivilizados [...], así que no acusen ustedes sin pruebas a mi laboratorio y cierren la boca».

Por si acaso, el mercado húmedo de Huanan fue destruido, esterilizado y vaciado por las autoridades chinas antes de que nadie pudiera estudiarlo. Justo lo que se hace en la escena de un crimen, limpiarla.

Pero entonces, me dirá usted, querido lector, ¿qué pretende insinuar Sr. Negacionista? Puede que nuestro siguiente personaje nos arroje algunas pistas al respecto. El Dr. Francis Boyle es un importante abogado estadounidense titulado en la Universidad de Harvard y Ph.D en Ciencias Políticas que trabajó muchos años para Amnistía Internacional y que, en 1972, solicitó la creación de la llamada Convención sobre Armas Biológicas. Redactó para el Gobierno de los Estados Unidos de América la Ley Antiterrorista de Armas Biológicas de 1989, que fue aprobada por el Congreso durante el mandato de George H. W. Bush; por tanto, no estamos hablando de un *youtuber* o de alguien que opine por boca de ganso. Sus datos son claros: entre 2012 y 2015, el Gobierno de USA invirtió cien mil millones de dólares en un programa de armas biológicas, esto son cifras oficiales, ¿para qué y con qué agentes biológicos?

En una entrevista que le hizo el Dr. Joseph Mercola, el 8 de marzo de 2020, Boyle, que desde los primeros días de la administración Reagan investiga incansable este tema de las *bioweapons* porque le preocupa el uso de ingeniería genética de ADN para fabricarlas, afirmó que «este problema no se originó en un caldo de murciélago infectado». Desde hace muchos años Boyle se aplica a investigar todos los brotes sospechosos de enfermedades que aparecen en el mundo en animales y en humanos, pero está muy preocupado desde entonces por lo que él llama la *biología sintética*, que al igual que Crichton vio venir hace décadas como un peligro para la humanidad que estaba recayendo en manos privadas, comprando leyes, Gobiernos y adquiriendo un poder descomunal e incontrolado para las vidas de las personas.

En la entrevista afirma: «Entonces, cuando aparecen estas enfermedades misteriosas e inexplicables, las monitoreo por cierto tiempo, y casi siempre llego a la conclusión de que pueden explicarse por razones normales, como la falta de saneamiento, pobreza y cuestiones naturales. Pero me pareció muy sospechoso el caso de Wuhan».

Ojo que Boyle no habla de *virus*, ve claramente que las condiciones ambientales externas en forma de tóxicos y derivados de la pobreza son las que causan estas enfermedades. Destaca que el presidente Xi Jinping ha despedido a todos los funcionarios encargados de este asunto y los ha sustituido por personal militar, y esto le suena mucho. De modo que nos encontramos con algo tan importante como los genes de las personas, su salud y enfermedad en manos de empresas privadas y de militares, ¿qué puede salir mal? Afirma Boyle que el «virus» SARS-CoV-2 podría haber sido robado por dos biólogos del laboratorio de alta seguridad de Winnipeg en Canadá y llevado a las instalaciones NBS-4 (nivel de seguridad 4) de Wuhan, donde trabajaban con él para crear un arma biológica. Winnipeg en Canadá tiene su equivalente en Fort Detrick en Estados Unidos, donde desde hace decenios se desarrollan y almacenan «virus» tremendamente peligrosos. Quizá ahora alguno se explique el extraordinario celo sobreactuado del presidente canadiense Justin Trudeau en toda la pandemia.

Que muchos biólogos estudian y publican *papers* sobre investigaciones científicas cuyo fin no tiene ningún sentido es algo que llama la atención. El Dr. Yoshihiro Kawaoka de la

Universidad de Wisconsin resucitó literalmente el virus de la gripe que causó la gran pandemia de 1918 para el Pentágono y envió muestras a Winnipeg, todo está registrado oficialmente. En Wuhan ya trabajaban hace tiempo acelerando la potencia del SARS, ¿para qué todo esto si no es para crear patógenos quimera mezclando material genético de diferentes especies que pueda causar problemas como arma biológica? Lo mejor de todo es que nada de esto es un secreto ni fruto de buscadores de conspiraciones, está publicado en las mejores revistas científicas a la vista de todos desde hace muchos años. No olvidemos que las instalaciones de Wuhan son un laboratorio avalado por la OMS, y que, a decir de Boyle, los Centros para el Control y Prevención de Enfermedades y la industria farmacéutica han intervenido en muchos de estos brotes que parecen estar relacionados con «virus diseñados» como armas biológicas.

El problema de crear virus Frankenstein que mezclan genes de diferentes especies es que a sus promotores se les pueden caer encima, por eso todas estas investigaciones usan la excusa perfecta de que están buscando «vacunas o antídotos» por si «otro» los ataca, en lugar de lo que en realidad están haciendo. Boyle considera que la pandemia de ébola en África occidental se originó en las instalaciones de NBS-4 de los Estados Unidos en Sierra Leona, y que es posible que estuvieran haciendo pruebas sobre una vacuna que contenía virus de ébola vivo y se la hubieran suministrado a esas pobres personas, y sentencia que estima que solo en los Estados Unidos trabajan alrededor de trece mil biólogos en la industria de armas biológicas.

El libro de Boyle *Biological Warfare and Terrorism* está prologado por el profesor Jonathan King, la eminencia en biología molecular más prestigiosa del MIT. Él ya ha visto antes cómo las pandemias se han usado para restringir las libertades de la gente, por eso denunció en su momento que el miedo causado por la propagación del ántrax en 2001 fue utilizado para impulsar la llamada Ley Patriótica que inició el estado de vigilancia total a la población en USA. Se usa el miedo a enfermedades creadas, o más o menos ficticias, para implementar normas y leyes que, después de desaparecidas las supuestas amenazas, permanecen para siempre.

CAPÍTULO 20

ARMAS BIOLÓGICAS

«La sabiduría se encuentra en la naturaleza, no en los laboratorios».
Manuel Lezaeta Acharán

La presencia de laboratorios de investigación de posibles armas biológicas podría incluso estar detrás de la invasión de Vladimir Putin a Ucrania en 2022. En el Senado de Estados Unidos se ha reconocido que existen. El Consejo de Seguridad de las Naciones Unidas abordó el 11 de marzo de 2022 la denuncia expresada por Rusia con el apoyo de China de supuestas actividades militares biológicas de Estados Unidos en el territorio de Ucrania. El embajador ruso ante la ONU, Vasili Nebenzia dice que en Ucrania había una red de treinta laboratorios biológicos supervisados por EE. UU. en los que se realizaban experimentos muy peligrosos cuyos resultados eran remitidos a instituciones estadounidenses. El objetivo según él era estudiar la posibilidad de propagar los patógenos de peste, ántrax y cólera a través de pájaros, murciélagos y personas. Nebenzia sostuvo que los documentos están en poder del Ministerio de Defensa ruso.

La propia OMS hizo un reconocimiento explícito de que tales laboratorios existen al aconsejar a Ucrania que destruya los virus almacenados en sus instalaciones para evitar que se propaguen entre la población. Como otros países, Ucrania tiene laboratorios de «salud pública» que se supone que investigan cómo mitigar las amenazas de enfermedades peligrosas que afectan tanto a los animales como a los humanos, incluida la COVID-19. Esos laboratorios han recibido apoyo de Estados Unidos, la Unión Europea y la OMS, esto son datos oficiales, pero ¿por qué se financian laboratorios sospechosos en terceros países en lugar de en los propios territorios de estas naciones? La respuesta que viene a la mente de todos es inquietante y no puede ser otra que tomar precauciones ante posibles accidentes o denuncias por actividades biológicas que en los países de origen están prohibidas. En Ucrania se permite la manipulación genética. A su vez es mucho más fácil trabajar en naciones como China o Ucrania, donde los derechos civiles y la prensa están controlados.

La OMS reconoció en un correo electrónico que ha colaborado con los laboratorios de «salud pública» de Ucrania durante varios años para promover prácticas de seguridad que ayuden a prevenir la «liberación accidental o deliberada de patógenos». Suena demasiado al cuento del pangolín en versión eslava.

«Como parte de este trabajo, la OMS ha recomendado encarecidamente al Ministerio de Salud de Ucrania que destruyan los patógenos de alta amenaza para evitar posibles derrames», añadió la OMS. Poco después la portavoz del Ministerio de Relaciones Exteriores de Rusia, María Zakharova, repitió que Estados Unidos opera laboratorios de guerra biológica en Ucrania. Zakharova afirmó que los documentos descubiertos por las fuerzas rusas en Ucrania mostraban «un intento de borrar la evidencia de los programas biológicos militares» mediante la destrucción de muestras de laboratorio.

Pero lo mejor fue cuando Victoria Nuland, la subsecretaria de Estado del Gobierno Biden, ¡famosa por su elegante frase *Fuck European Union!*, pronunciada en el momento en el que la Unión Europea se negó a apoyar militarmente a Ucrania, fue a la Comisión de Relaciones Exteriores del Senado de Estados Unidos en marzo de 2022 y, a la pregunta directa del senador por Florida Marco Rubio, tuvo que reconocer que había investigación de armas químicas, de laboratorios biológicos en Ucrania:

> Senador Marco Rubio: «¿Tiene Ucrania armas químicas o biológicas?».
> Victoria Nuland: «Ucrania tiene instalaciones de investigaciones biológicas y de hecho ahora estamos bastante preocupados por que las tropas rusas estén buscando hacerse con su control, así que estamos trabajando con los ucranianos sobre cómo prevenir que cualquiera de estos materiales de investigación caiga en sus manos».

Es decir, que haberlos los hay.

> La misma semana de marzo de 2022, Ígor Kirillov, jefe de las Tropas de Protección Radiológica, Química y Biológica de Rusia, aseguró en la ONU que hay más de treinta laboratorios biológicos en Ucrania, cuyo cliente es la Agencia para la Reducción de Armas del Pentágono. Incluso citó algunos de los proyectos, como el UP-4 en laboratorios de Kiev, Járkov y Odesa, con el objetivo de investigar la transmisión de patógenos a través de aves migratorias. Se estudiaron ciento cuarenta y cinco especies y se determinaron dos que se distribuyen por Rusia, afirmó.

CAPÍTULO 21

GALLINAS DE VIETNAM

«Me gusta el olor del napalm por la mañana».
Coronel Kilgore en *Apocalypse Now* (Francis Ford Coppola)

Esta idea de utilizar a las aves migratorias de rutas predecibles como auténticos bombarderos de patógenos reconozco que se me ocurrió durante la epidemia de gripe aviar H5N1 de 2003 a 2007.

Me encontraba grabando un documental para la Agencia Española de Cooperación Internacional, AECI, en zonas bastante remotas de Vietnam, con un equipo vietnamita que nos imponía el Gobierno comunista, dos de cuyos miembros eran directamente espías empeñados en saber qué hacíamos en cada momento, la señora Pham y el ayudante Minh. Aquella mañana habíamos partido de Hanoi antes del amanecer para un recorrido de siete horas en los dos todoterrenos atravesando la provincia de Hoa Binh para llegar a la Reserva Natural de Ngoc Son – Ngo Luong y poder rodar a las minorías étnicas. Thai y Muong, gente encantadora, que recibían ayudas del Reino de España para iniciar un proyecto de ecoturismo que los sacara de su situación precaria.

Días antes me sorprendió el rotundo silencio que imperaba en los campos vietnamitas, con bosquetes entre los cultivos de arroz siempre encharcados donde uno esperaría oír ranas, sapos y sabandijas por todas partes, o al menos aves canoras de sutiles matices... Pero no, nada de nada. Cuando le pregunté al espía Minh, un tipo enjuto de gorrilla revolucionaria en ristre me respondió con una sonrisa sardónica: «No animales, nos los comemos todos».

Pues bien, dormitábamos en los Land Cruiser el equipo, la gente de AECI y de la Embajada Española que nos acompañaban mientras atravesábamos un camino de barro interminable rodeado de campos de arroz verde chillón, cuando de pronto en medio de la nada una barrera elevable hecha de bambú nos cortó el paso; paramos y desde detrás de los únicos arbustos que había salieron dos tipos cubiertos por completo con trajes EPI blancos de bioseguridad nivel 4 y, sin mediar palabra, rociaron los vehículos con no sé qué sustancia y nos abrieron la barrera para que continuáramos.

Nos miramos unos a otros sin saber qué decir ante la situación surrealista que acababa de tener lugar, los espías sonreían. Al poco nos anunciaron que pararíamos a almorzar en casa de una familia muy humilde, porque en aquel lugar no hay restaurantes ni nada que se le parezca. Para cuando llegamos yo ya tenía el nombre de la aldea botando en mi cerebro..., ¡me sonaba! Cuando nos sentaron en el suelo, como es costumbre, empezaron a llegar gallinas, unas vivas pululando alrededor y otras formando parte de los platos que íbamos a comer; entonces me di cuenta, ¡estábamos en la zona cero de la pandemia de gripe aviar!

Me pareció que todas las gallinas me miraban con ganas de venganza como velocirraptores diminutos, y se lo comenté a Begoña Portero de la AECI, que de inmediato se mudó marmórea como yo, mientras la amable cocinera nos ofrecía sus especialidades culinarias consistentes en todas las formas posibles de cocinar pollo. La siguiente vez que vi pasar los bandos de grullas y de gansos salvajes que cada año sobrevuelan mi casa de Guadalajara en España, camino de Escandinavia, me di cuenta de que serían bombarderos perfectos echando heces infectadas que caerían por doquier si a alguien se le ocurría incluir en sus cuerpos microorganismos o tóxicos genéticamente preparados para diseminar una pandemia. En realidad, muchos animales son perfectos para ello, como ya vimos con los mosquitos Gates, que son sanitarios con alas. La gran ventaja de utilizar animales salvajes para diseminar cualquier cosa es que encaja a la perfección con la narrativa de culpar a la emergencia climática y al ser humano de lo que ocurra.

Ígor Kirillov citó también en su comparecencia algo llamado *Proyecto P-781* para el uso de murciélagos como armas biológicas.

También Zhao Lijian, portavoz del Ministerio de Relaciones Exteriores de China, declaró al respecto que «los programas biológicos militares estadounidenses en Ucrania pueden ser solo la punta del iceberg. Con el pretexto de trabajar juntos para reducir los riesgos de seguridad biológica y proteger la salud mundial, EE. UU. controla trescientos treinta y seis laboratorios en treinta países».

Según los defensores de que esto está ocurriendo, constituiría una violación de la Convención de Armas Biológicas de 1975 y se estaría trabajando con agentes biológicos como la peste, el ántrax, la tularemia, el cólera y otras enfermedades mortales. Lo cierto es que el sitio web oficial de la Embajada de los Estados Unidos en Kiev eliminó esa misma semana toda la información y todas las pruebas de los laboratorios ucranianos de armas biológicas. ¿Por qué lo hizo?, pregunta el informe de Kirillov al precisar que Washington trata de borrar el rastro de esos biolaboratorios financiados y operados conjuntamente por el Pentágono. Esos documentos de los laboratorios eran de conocimiento público hasta el 25 de febrero de 2022, cuando fueron borrados de la página web de la sede diplomática estadounidense en ese país, indicó el informe. Esos documentos incluyen importantes detalles de construcción, financiación y permisos para los laboratorios de armas biológicas en Ucrania, añadió. La red de laboratorios biológicos incluye instalaciones en Odessa, Vinnytsia, Uzhgorod, Lviv, Kiev, Kherson, Ternopil, Crimea, Luhansk y dos instalaciones sospechosas en Kharkiv y Mykolaiv, indicó *Naturalnews*. Asimismo, el Pentágono facilitó el proceso de autorización para que los científicos ucranianos pudieran trabajar con patógenos de potencial pandémico. Estos laboratorios «consolidan y aseguran patógenos y toxinas de interés para la seguridad» para llevar a cabo «medidas mejoradas de bioseguridad, bioprotección y biovigilancia» a través de «asociaciones internacionales de investigación», puntualizó.

Ni que decir tiene que ambos bloques se acusan mutuamente de difundir bulos al respecto; sin embargo, el reconocimiento implícito de la subsecretaria de Estado, Victoria Nuland, en el Senado USA es indiscutible. Tras lo que ya sabemos de Wuhan y el cuento del pangolín, esto suena a *déjà vu*.

Todo mi afán, querido lector, es que usted despierte y se pregunte si estoy totalmente loco o si es posible que usted no se haya enterado de nada de esto por años. ¿Cómo es posible que la gente normal que se ha ido a inocular ya cuatro o cinco dosis de ARNm sintético fabricado por toda esta gente e, incluso, ha llevado a sus padres y a sus hijos a hacerlo no tenga la menor idea del fenómeno más importante en la humanidad desde hace más de un siglo, que es la manipulación genética? Sin duda, como veremos, hacen falta ingentes cantidades de dinero para, literalmente, comprarse todos los grandes medios de comunicación del mundo para conseguirlo. Boyle señala a algunas instituciones como especialmente involucradas, en especial la Universidad John Hopkins; sí, la que organizó junto con la Fundación Bill y Melinda Gates y la Open Philanthropy el famoso simulacro llamado Evento 201, en octubre de 2019, en un hotel de Nueva York, para los *empreSaurios* y los líderes de salud sobre una supuesta pandemia igualita a la que vino meses más tarde. O tienen al mismísimo Harry Potter de rector, o sabían perfectamente lo que iba a pasar.

Pues bien, el 16 de diciembre de 2017, el Johns Hopkins Center for Health Security había creado otro evento menos conocido con una supuesta nueva pandemia de algo llamado SPARS previsto en el ensayo para 2025-2028. Lo llamaron Fictional Narrative Scenario, más en concreto, The SPARS Pandemic 2025-2028: A Futuristic Scenario for Public Health Risk Communicators; o sea, la academia de los mentirosos, para que sepan cómo engañar de nuevo al mundo con eficiencia sin cometer tantos errores como en COVID-19. En su documento oficial especifican que «este simulacro no es una predicción: es un entrenamiento y aprendizaje para los funcionarios de la salud». ¡Ah, gracias! No nos quepa la menor duda de que lo volverán a hacer, por eso escribo este libro, para que, cuando empiece a ocurrir, mucha más gente en el mundo le vea las orejas al lobo al reconocer los trucos del relato, la narración amañada y las *invidencias* científicas que nos traten de vender.

CAPÍTULO 22

LA ÚLTIMA CRUZADA CONTRA EL DR. FAUCI

«Elige sabiamente, porque si el verdadero grial da la vida, el falso grial priva de ella».
Sir Richard, *Indiana Jones y la última cruzada*

El lector avezado se preguntará, pero ¿cómo es posible que tanta gente esté implicada en todo esto y yo no me haya enterado de nada hasta ahora? He de decirle que ese es uno de los principales argumentos de casi todas las personas que aún no han despertado. Esa perplejidad es inducida, porque lleva a la incredulidad. Se resume en la frase «No me lo creo porque parece una película», pero quizá le aclare algo el saber que esas películas y series también las produce el globalismo para, precisamente, crear esa sensación en usted.

De nuevo, la secuencia de los cálices de la película de Steven Spielberg *Indiana Jones y la última cruzada* (1989), en la cual el bueno de Indi en una gruta de la antigua ciudad de Iskenderum —hoy Alejandreta, en Turquía— se enfrenta al reto de elegir cuál es el verdadero cáliz usado por Jesucristo en la última cena, el Santo Grial, de entre una larga fila de ellos, todos diferentes. Si elige el correcto, se salvan, pero, si se equivoca, una trampa en la cueva acabará con ellos. La simbología es clara, y el ejemplo nos enseña lo que el globalitarismo utiliza para esconder sus planes: nos los pone delante de las narices mezclando verdaderos con falsos para que dudemos de todos. Es el viejo truco de esconder un libro en concreto en medio de una librería. Frente a decenas de teorías de la conspiración absurdas, hay una que es cierta.

Después de que todos, desde niños, hayamos visto cientos de productos audiovisuales, desde dibujos animados hasta grandes producciones, con malvados que quieren «dominar el mundo», cuando alguien nos cuenta que eso puede estar pasando, nos provoca una sonrisa porque nuestra mente tiene esa idea archivada en su carpeta de «Ficción no creíble». Si, además, se han inventado y difundido como descalificadoras palabras como *conspiranoico*, *teoría de la conspiración* o *negacionista* como lo contrario a *científico*, superar esa barrera psicológica resulta un esfuerzo que mucha gente buena no está dispuesta a hacer, sobre todo cuando ser colaboracionista y crédulo resulta tan cómodo, pero dudar investigando te conduce a una pesadilla personal y social; la elección fácil está clara.

Además del abogado Francis Boyle, otras muchas personas e instituciones han estado en las últimas décadas monitoreando posibles violaciones al Protocolo de Ginebra de 1925, que prohíbe el empleo de armas químicas y biológicas, incluso en las guerras. Posteriormente, la Convención sobre Armas Biológicas de 1972 prohibió también su producción, almacenamiento y transferencia.

Uno de ellos, el Dr. David E. Martin, con su empresa M.CAM ha obtenido interesantes conclusiones de lo ocurrido con la pandemia de COVID-19 analizando datos de Estados Unidos. En especial hay dos personajes muy interesantes, el Dr. Anthony Fauci y el biólogo Dr. Ralph Baric.

Anthony Stephen Fauci es un médico estadounidense, director del Instituto Nacional de Alergias y Enfermedades Infecciosas, NIAID, desde 1984. Sus padres tenían una farmacia, pero él sin duda los ha superado. Según la bióloga molecular Judy Mikovits, que trabajó veinte años en el Instituto Nacional del Cáncer y en Fort Detrick junto con el Dr. Frank Ruscetti, uno de los padres fundadores de la retrovirología humana, Fauci «ha matado a millones de personas hasta el día de hoy». Ha sido el encargado de gestionar la pandemia en Estados Unidos, pero su participación en todo esto viene de decenios antes; se le acusa de haber entregado las agencias estatales de salud pública a la industria farmacéutica lucrándose en el proceso, promoviendo medicamentos inefectivos y confundiendo al mundo entero junto a su socio Bill Gates, para conducir desde Wuhan a las vacunas a media humanidad, cerrando otras posibilidades que no convenían a sus intereses.

El senador Robert F. Kennedy Jr. en su libro *The Real Anthony Fauci* relata pormenorizadamente los manejos de Fauci para aprobar medicamentos peligrosos, como remdesivir; cortar ensayos cuando empezaban a aparecer resultados tóxicos; presionar a la FDA (U. S. Food and Drug Administration) para obtener la Emergency Use Authorization (EUA) a terapias génicas que no eran vacunas, y, en general, para manejar el asunto SARCOV a mayor beneficio de sus intereses y los de sus socios. Fauci fue el factótum de la censura científica y periodística desde el principio sobre posibles terapias efectivas como la ivermectina o la hidroxicloroquina; también, firmó liberación de responsabilidades a las firmas fabricantes de «vacunas».

El Dr. David E. Martin en su informe llamado *The Fauci/ COVID-19 Dossier* hace un desglose impresionante de las subvenciones y los estudios que se llevan a cabo desde hace años que nos deja con la boca abierta. Como, por ejemplo, la subvención AI23946-08 del Instituto Nacional de Salud de Estados

Unidos otorgada al Dr. Ralph Baric en la Universidad de Carolina del Norte en Chapel Hill, clasificada oficialmente como afiliada al NIAID del Dr. Anthony Fauci, al menos en 2003. Comenzó el trabajo para alterar sintéticamente virus de la familia *Coronaviridae* con el propósito expreso de una investigación general, aumento de patogenicidad, detección, manipulación y potenciales intervenciones terapéuticas. ¿Aumento de la patogenicidad? Ya el 21 de mayo del año 2000, el Dr. Baric y la Universidad de Carolina del Norte buscaron patentar coronavirus para su beneficio comercial: «Usando un panel de ADNc contiguos que abarcan todo el genoma, hemos ensamblado un ADNc completo de la cepa SARS-CoV Urbani y hemos rescatado virus del SARS clonados molecularmente (clon infeccioso SARS-CoV) que contenían las mutaciones marcadoras esperadas insertadas en los clones».

El 19 de abril de 2002, la primavera anterior al primer brote de SARS en Asia, Christopher M. Curtis, Boyd Yount y Ralph Baric presentaron una solicitud de patente estadounidense 7.279.372 para un método de producción de coronavirus recombinante. En el primer registro público buscaron patentar un medio para producir «un coronavirus infeccioso, defectuoso en la replicación». Este trabajo fue apoyado por una subvención de los Institutos Nacionales de Salud (NIH), que son la agencia federal principal que apoya la investigación médica. Es decir, el Departamento de Salud y Servicios Humanos de EE. UU. participó en la financiación de la amplificación de la naturaleza infecciosa del coronavirus entre 1999 y 2002, antes de que se detectara el SARS en humanos, hablamos del primer SARS, de tan lejos viene el asunto.

Por tanto, el especialista en ganancia de función, el biólogo Dr. Ralph Baric, recibió millones de dólares en subvenciones de investigación de EE. UU. de varias agencias federales, pero también formó parte del Comité Internacional de Taxonomía de Virus (ICTV) de la Organización Mundial de la Salud y del

Grupo de Estudio Coronaviridae (CSG). Ojo con esto, porque fue el responsable de definir la «novedad» de un virus; es decir, de determinar si es un «virus nuevo» o no, ellos se lo guisan todo entre cuatro. La manipulación genética llamada «ganancia de función» confiere a genes, microorganismos o ADN mutaciones que potencian su infecciosidad u otras características, recuerden a Ian Malcolm.

La Corte Suprema de Estados Unidos dejó muy claro en 2013 que la naturaleza no era patentable, pero todo un entramado de intereses comerciales empezó a rodear al SARS-CoV desde muchos años antes. Cuando presentaron su solicitud de patente, el 25 de abril de 2003, su primer reclamo, y el único que sobrevivió hasta la emisión final en 2006 y 2007, fue el genoma del SARS-CoV. Era una patente claramente ilegal. Además, los Centros para el Control y la Prevención de Enfermedades, CDC, patentaron la detección del SARS-CoV utilizando varios métodos, incluida la reacción en cadena de la polimerasa con transcriptasa inversa, los famosos test RT-PCR. Con esta patente, impidieron que cualquier persona ajena participara legalmente en la verificación independiente de su afirmación de que habían aislado un virus, que era un agente causante del SARS o que cualquier terapia podría ser eficaz contra el patógeno informado; estaban blindados por sus patentes, nadie más podría manipular el SARS-CoV ni desarrollar pruebas, test o kits para su detección; no pierdan de vista que esto ocurrió doce años antes de la pandemia.

El abuso de la ley de patentes por parte de Fauci realizó un uso deliberadamente engañoso del término *vacuna* frente al público. Ni Pfizer ni Moderna demostraron jamás una interrupción de la transmisión; sin beneficio público, no hay «vacuna».

En su *dossier* el Dr. David E. Martin especifica que los ensayos de «supuesta vacuna» de Moderna y Pfizer han reconocido explícitamente que su tecnología de terapia génica no tiene ningún impacto en la infección o transmisión viral y, simplemente, transmite al receptor la capacidad de producir una proteína *spike* S1 de forma endógena mediante la introducción de una secuencia sintética de ARNm. Eso no es una vacuna, sino una terapia génica en fase experimental.

El CDC y el NIAID dirigidos por Anthony Fauci establecieron relaciones comerciales con naciones extranjeras, sobre todo con el Instituto de Virología de Wuhan y la Academia de Ciencias de China a través del National Institutes of Health, en 2014, para explotar sus patentes. Entonces ya manejaban en estos estudios que las proteínas de superficie de ese coronavirus tenían la capacidad de infectar directamente a humanos. En flagrante violación de la moratoria de los NIH sobre las peligrosísimas investigaciones de ganancia de función, el NIAID y Ralph Baric siguieron trabajando con componentes quiméricos de coronavirus, específicamente para amplificar su patogenicidad.

En octubre de 2013, se describió la proteína *spike* del SARS-CoV del Instituto de Virología de Wuhan en un trabajo financiado por el NIAID de Estados Unidos en China. En esta investigación estuvieron involucradas varias agencias de EE. UU. como el NIAID, el USAID y el zoólogo británico Dr. Peter Daszak, presidente de EcoHealth Alliance.

En marzo de 2015, sabían perfectamente que tanto la toxicidad de la proteína *spike* S1 como la intervención del receptor ACE II representaban un grave riesgo para la salud humana y estos estudios se estaban financiando con dinero público sin que la gente estuviera debidamente informada.

El zoólogo Dr. Peter Daszac declaró: «La gente ignora una crisis virológica hasta que llega la emergencia. Para mantener la financiación necesitamos aumentar la comprensión pública de la necesidad de una vacuna pan-influenza o pan-coronavirus. Los medios de comunicación son impulsores clave, porque la economía bailará al son publicitario. Necesitamos usar esa exageración a nuestro favor [...]. Los inversores responderán si ven ganancias al final del proceso».

Todos estos proyectos se llevaron a cabo en países extranjeros, mientras en USA estaban prohibidos, se financió a Shi Zhengli en China durante años hasta que, en febrero de 2020, ella misma, junto con Cui Jie, identificó y nombró por primera vez a su gran criatura nueva: SARS-CoV-2.

CAPÍTULO 23

LOS VIRUS QUIMERA

> *«Yo también puedo sembrar la desolación; mi enemigo no es invulnerable. Esta muerte le acarreará la desesperación, y mil otras desgracias lo atormentarán y destrozarán».*
> Mary Shelley en *Frankenstein o el moderno Prometeo*

Es importante tener en cuenta que se trata de algo llamado *virus quimera*, es decir, no es un microorganismo natural ni ha saltado de ningún murciélago o pangolín al ser humano de forma accidental natural, ni es culpa del tráfico de animales salvajes, ni de que la gente coma carne de monte, ni mucho menos del cambio climático... Se trata de un producto de laboratorio trabajado deliberadamente mediante técnicas de ganancia de función usando patrones de «virus» de varias especies con inserciones genéticas artificiales y cultivados deliberadamente para infectar células humanas.

Todo esto figura oficial y científicamente en decenas de *papers* publicados, no es ninguna teoría conspirativa. Todo está publicado, firmado y con fechas, lugares y financiación. Lo que el lector debe pensar por sí mismo es ¿por qué motivos se extraen materiales genéticos microbiológicos de otras especies animales que jamás infectarían a los seres humanos en la naturaleza y se los manipula para que lo hagan? ¿Se le ocurre a usted alguna razón coherente de salud pública para hacer tal cosa corriendo el riesgo de que esos virus quimera sean robados, se escapen por contagio de los biólogos o empleados de los laboratorios o caigan en manos de mafias?

Mientras todo ello y mucho más estaba ocurriendo, usted y yo estábamos con nuestras vidas confiando en la ciencia, creyendo en los protocolos médicos y pensando que la OMS y las agencias internacionales estaban llenas de biólogos sabios que por dos duros se dejaban la piel por el bien común..., pero no era así desde hacía dos siglos.

El biólogo molecular de la Universidad de Rutgers en Piscataway, New Jersey, Richard H. Ebright publicó en *Nature*, el 22 de febrero de 2017, los temores de muchos científicos mundiales de que todos esos patógenos quiméricos escaparan de los laboratorios BSL-4 en China arguyendo que no es un país estable, seguro ni con garantías democráticas para custodiar este material de virus zoonóticos manipulados. Dijo que el SARS escapó de Beijing ya varias veces antes: «Una cultura abierta es importante para instalar un laboratorio de Nivel de Bioseguridad 4 (BSL-4) seguro. China es una sociedad que enfatiza la jerarquía con grave peligro de potencial desarrollo de armas biológicas».

Enfatiza que China instala estos laboratorios para ganar prestigio biológico internacional con fuertes lazos con otras instituciones extranjeras, como el Laboratorio Nacional de Galveston de la Universidad de Texas o el Instituto Pasteur de París. Sin embargo, es precisamente por esas razones por las que estas instituciones prefieren que estos experimentos de dudosa ética y peligrosos se desarrollen fuera de sus territorios, en lugares más permisivos, como Ucrania o China, a los cuales siempre podrán echar la culpa si algo sale mal.

Pero nada más ilustrativo para apreciar esto que la fulgurante carrera de la bióloga a la que llamaron *Bat Woman*. Shi

Zhengli fue a estudiar Biología a la Universidad de Wuhan solo para estar cerca de su novio, poco podía imaginar entonces lo que sus experimentos con «virus» de murciélagos iban a crear en el mundo. Nació en 1964 en Henan, China. Tras la licenciatura hizo una maestría en el Wuhan Institute of Virology perteneciente a la Academia China de Ciencias (CAS). Ya en el año 2000, realizó su doctorado en la Universidad de Montpellier en Francia. En 2014, empieza su proyecto con coronavirus de murciélagos con especial énfasis en uno llamado SARS-CoV; este proyecto se hizo en colaboración con la Universidad de Carolina del Norte en Chapel Hill, a través del también biólogo Ralph S. Baric, experto en zoonosis y ganancia de función en coronavirus.

En 2015, publican un artículo titulado «Un grupo de coronavirus de murciélago circulante similar al SARS muestra potencial para la emergencia humana», que expone su trabajo para generar y caracterizar «un virus quimérico que expresa la *spike* del coronavirus SHC0 14 de murciélagos en una columna vertebral de SARS-CoV adaptada a ratón». Cuatro años más tarde, Baric fue el principal promotor del nuevo nombre que haría temblar al mundo: SARS-CoV-2.

Tengo especial interés en que el lector haga un esfuerzo por imaginar qué hubiera pensado de todo lo que ha pasado en el mundo desde 2020, si esta simple información que aquí le expongo hubiera obrado en su poder desde el principio. Si hubiera sabido que había biólogos con millones en presupuestos creando virus quimera con trozos de material genético de otras especies animales, dotándolos de la capacidad antinatural de enfermar a millones de personas. Es importante que reiniciemos nuestra mente rompiendo el sistema de creencias previo que nos habían inducido cuando nos contaron el cuento del pangolín. Por eso me he esforzado tanto en los primeros capítulos de este libro en explicarles hasta qué punto somos fáciles de manipular a través de las emociones generadas por datos inexactos o directamente falsos. Sé que millones de personas no serán capaces de volver atrás en sensaciones ya caladas en sus almas por los traumas vividos durante estos años, pero es de vital importancia que lo hagan para no caer otra vez en la misma almadraba cuando lo vuelvan a intentar, lo cual es seguro que ocurrirá.

Es incluso probable que muchas personas buenas e inteligentes rechacen toda esta información porque les cree un sesgo cognitivo incómodo y prefieran continuar con su sistema de valores inducido según el cual hubo un «virus nuevo» que asoló el mundo por casualidad, la comunidad de biólogos actuó solidariamente olvidando sus intereses comerciales y crearon unas vacunas en dos meses de ensayos que después acabaron con él, salvando al mundo y haciéndose millonarios sin querer. Creer esto es extremadamente difícil, pero lo hacen millones de personas.

Los años han pasado, se han publicado cientos de artículos que desmienten esa retórica y, sin embargo, mucha gente se niega a informarse. Todo esto con lo que sabemos ahora no lo haría creíble ni Scheherezade, ni Leni Riefensthal, ni el propio Flaherty; pero la psicología nos enseña que para muchas personas es doloroso reconocer que han sido engañadas hasta el punto de dejarse inyectar varias dosis de un experimento peligroso por no haber querido escuchar a su amigo o hermano «negacionista» que le advertía y le daba cosas que nunca quiso leer por el simple y absurdo argumento de «No pueden estar todos equivocados, me uno a la mayoría».

Justo cuando Zhengli y Baric empezaban a enredar con murciélagos en 2014, Estados Unidos retiraba fondos del proyecto debido a una moratoria legal para trabajos con virus peligrosos como el de la influenza, el MERS y el SARS. Entonces el proyecto se traslada a Wuhan y sigue en 2019… Cuesta no pensar mal, ¿verdad?

Las publicaciones siguientes de Shi Zhengli explican claramente que «aisló» el «virus» y empezó a trabajar con la transmisión entre especies, recordemos que en la naturaleza esto es muy difícil por la barrera de especie. Pongo comillas en la palabra *virus* y en *aisló* porque ya veremos que ni una ni otra son tan ciertas, pero necesitamos usarlas ahora para seguir el hilo de los acontecimientos.

En *The Telegraph*, la doctora Shi, directora ya del Centro de Enfermedades Infecciosas Emergentes del Instituto de Virología de Wuhan, admitió que al menos una de las cincuenta muestras de virus de murciélagos que tiene en su laboratorio comparte un 96,2 % de compatibilidad genética con el causante de la COVID-19. Esas muestras fueron recogidas en 2013 a partir de heces fecales de murciélagos de herradura (*Rhinolophus sinicus*) de una cueva en la provincia de Yunnan, a más de mil kilómetros de Wuhan, en China. De hecho, Zhengli llevaba años coleccionando muestras de quirópteros. El orden Chiroptera o quirópteros son los murciélagos, los únicos mamíferos que pueden volar y los más numerosos del mundo detrás de los roedores.

CAPÍTULO 24

LOS MURCIÉLAGOS SON RAROS

«He cruzado océanos de tiempo para encontrarte».
Bram Stoker en *Drácula*

¿Por qué los murciélagos? Raros son.

Duermen colgados boca abajo muy juntos y abrazados a sí mismos, parecen la aristocracia de los roedores por sus capas, pero en realidad son muy diferentes. Muchos vuelan con la boca abierta tragándose insectos durante horas usando un radar biológico, se desparasitan unos a otros con la lengua, viven en grutas hacinados en colonias a veces de cientos de miles con sus propias heces debajo fermentando, incluso los que se alimentan de sangre, los vampiros, se pasan borbotones unos a otros por sus bocas cuando alguno no ha cenado esa noche. Para volar tienen que agitar sus brazos tantas veces que viven en un permanente estado febril. Pero lo más curioso es que, tragándose insectos repletos de microorganismos potencialmente patógenos durante ocho horas cada día, viven mucho más que cualquier mamífero de su tamaño, llegan a los cuarenta años de vida, comparados con los dos de un roedor similar, y además padecen muy poco cáncer.

A primera vista, esa mala vida nocturna con fiebre permanente no parece que favorezca semejante longevidad, pero así es. Los ratones crápulas pilotos disfrutan de una salud de hierro hasta el punto de que uno de cada cinco mamíferos conocidos en el mundo es uno de ellos.

El secreto de los murciélagos está en su sistema inmune y su metabolismo. Volar les exige unos enormes requerimientos metabólicos que generan altos niveles de radicales libres dañinos muy inflamatorios, por eso tuvieron que desarrollar un sistema inmunitario único para compensar el daño celular de esa inflamación, según descubrió la bióloga Emma Teeling. Gracias a eso pueden controlar también infecciones por otras causas y llevan sesenta y cinco millones de años haciéndolo, por cierto, sin vacunarse, y sin Pfizer ni Fauci.

El biólogo David Jebb y colaboradores encontraron que los murciélagos tienen desactivados hasta diez genes que los mamíferos solemos usar habitualmente para generar respuestas inflamatorias. Por el contrario, tienen copias adicionales de otros genes, fragmentos de ADN de origen «vírico» prestado de infecciones pasadas y un montón de innovaciones genómicas que los hacen altamente tolerantes a muchas enfermedades. Muchos de estos estudios están siendo financiados, por ejemplo, por la Agencia de Proyectos de Investigación Avanzada de Defensa de Estados Unidos (DARPA), a las cuales debemos agradecer su apoyo a la zoología, a pesar de ser agencias militares, y su total ausencia de malas intenciones al no utilizar a los murciélagos como armas biológicas portadoras de agentes biológicos agresivos.

Mi conclusión de todo esto es que varios equipos de biólogos de medio mundo llevaban decenios trabajando con patógenos de varias especies animales cultivándolos en células humanas con presupuestos gubernamentales primero de defensa y después de salud en Estados Unidos, Canadá y Europa. Efectuaron muchas veces experimentos de ganancia de función que los convierten en potenciales armas biológicas, mezclaron material genético de diversas procedencias animales creando «virus» quimera que no son en absoluto naturales y que violan todas las normas de bioética. Cuando ciertas leyes y la presión de la prensa o la opinión pública empezaron a sospechar que estas actividades tan cerca de la población no eran recomendables, decidieron trasladar estos laboratorios BSL-4 a países con una legislación más laxa en los cuales un eventual accidente de bioseguridad podría ser ocultado con mayor facilidad. Instalaron decenas de estos laboratorios en lugares de China, Ucrania y África bajo la excusa de la ayuda al tercer mundo y la lucha contra las enfermedades. Con los medios de comunicación y la comunidad sanitaria bajo su propiedad, han estado tapando estas actividades durante decenas de años disfrazando los fracasos y accidentes, creando una red científica mundial que abarca las mayores instituciones, universidades y revistas especializadas del mundo. El fin último fue el ataque llamado COVID-19, una sucesión de acciones coordinadas y planificadas desde poderes plutocráticos globalistas con fases bien definidas.

Primero había que desatar el pánico con un supuesto «virus» quimera, creado en esos laboratorios, que en realidad era un tóxico inyectable, no contagioso por el aire, que se iba a distribuir mediante las llamadas vacunas de la gripe. Esta quimera serviría para desatar todo el proceso, ese era su único fin, pues los «virus» quimera se degradan muy pronto en las poblaciones de mamíferos, son extremadamente imperfectos y acaban por ser neutralizados. Pero para entonces el plan ya estaría en marcha, y en realidad no iba a ser una pandemia biológica, sino una descomunal campaña publicitaria con un relato pactado a base de una serie de inteligentísimos cambios de denominación. Cambiando los nombres a las cosas con la ayuda del miedo inducido a las poblaciones consiguieron crear una hipocondría mundial, un estado de anomia colectivo aprovechando que la humanidad no sabe absolutamente nada de biología hasta el punto de que creen que los médicos son científicos, cuando en realidad solo algunos de ellos lo son, casualmente los que desde el principio se dieron cuenta del engaño y fueron expedientados y perseguidos en todo el mundo.

CAPÍTULO 25

LA HORA DEL TEST

«Primero el hombre aprende en la vida a andar y a hablar.
Más tarde, a sentarse tranquilo y mantener la boca cerrada».
Severo Ochoa Albornoz, premio nobel de Medicina o Fisiología

Era necesario instituir una pieza fundamental para que la población se convenciera de que estaban infectándose de algo que en realidad no existía. Hacía falta una prueba, un test que convirtiera a la población sana pero atemorizada en enfermos imaginarios a los que llamaron *asintomáticos*. Esa pieza serían las llamadas PCR.

Los famosos test PCR, reacción en cadena de la polimerasa, se basan en una técnica bastante sencilla y utilizada desde hace años en la investigación de biología molecular para amplificar y detectar secuencia de ADN. Es una prueba para su uso en investigación, por la cual su descubridor, el biólogo estadounidense Kary Banks Mullis, recibió el Premio Nobel de Química en 1993. El descubrimiento de las PCR fue descrito por *The New York Times* como «altamente significativo y original, dividiendo la biología en dos épocas, antes de PCR y después de PCR», ¡y vaya si tenían razón!, sin esta prueba manipulable no se hubiera podido implementar el mayor engaño de la historia de la humanidad.

Pero el biólogo Mullis cayó en la tentación de ser honrado sin saber que eso podría ser su perdición. Se cansó de decir que su invento no podía jamás ser utilizado como forma de diagnóstico a un paciente concreto, que era solo un método de investigación epidemiológica aplicable a poblaciones como aproximación relativamente rápida y barata. También se le ocurrió denunciar que el cambio climático tal y como lo estaba planteando la prensa era un engaño, y que el virus VIH no causaba en realidad el sida. Apuntaba maneras, por eso, con su Nobel y todo, murió de neumonía casualmente el 7 de agosto de 2019 con solo 75 años; sin duda hubiera sido un testigo incómodo para lo que iba a ocurrir solo cuatro meses más tarde.

Desde la bioquímica, Mullis trabajó antes de todo en cardiología pediátrica, en química farmacéutica y en moléculas cortas de ADN. Sus conocimientos y actitud eran una amenaza potencial para la gran falacia que estaba a punto de tener lugar, y era además un premio nobel. Cuando empezó a crear la técnica de amplificar las cadenas de ADN millones de veces, sus resultados eran muy poco eficientes; hasta que tuvo la idea de usar una bacteria procedente de la mayor zona volcánica de la Tierra, el Parque Nacional de Yellowstone, entre Montana y Wyoming.

En algunos de sus famosos géiseres de aguas termales, donde pude ver a ciervos huapitíes literalmente hervidos cuando fui en 1999 a filmar allí mi documental *El espíritu de Totonka*, vive *Thermophilus aquaticus*, una bacteria amante de las aguas calientes, descubierta por el también biólogo Thomas D. Brock en 1969.

Me gusta que usted lea cómo los trabajos de muchos biólogos se concatenan a través de los lustros llevándonos desde un señor aparentemente absurdo cogiendo botes de agua apestosa en manantiales de Wyoming hasta otro que crea una prueba que acaba por ser mal utilizada para engañar a la gente e inocularle cosas peligrosas. Esa bacteria vive en aguas con hasta 80 grados Celsius. Gracias a desenvolverse a esas temperaturas, la enzima que *Thermophilus aquaticus* utiliza para replicar su ADN es la única que puede resistir sin desactivarse los procesos necesarios en las pruebas PCR. Si al bueno Brock le hubieran atraído los lobos como a mí, nos hubiéramos ahorrado muchos disgustos cincuenta años después.

Los estudios de los llamados *organismos extremófilos*, es decir, capaces de vivir en circunstancias imposibles para la vida normal como concentraciones muy altas o muy bajas de cualquier cosa, forman parte de la astrobiología o exobiología, una rama muy en boga para conocer cómo se comportan estos organismos posiblemente similares a los que se pudieran encontrar en condiciones extraterrestres. Por eso hay astrobiólogos trabajando en las aguas ponzoñosas de Yellowstone, en Río Tinto, en España, o en las dorsales oceánicas donde medran criaturas capaces de crecer independientemente incluso del oxígeno atmosférico.

Las PCR de Mullis revolucionaron la secuenciación genética, la investigación forense, la identificación de pruebas de sangre y fluidos, la filogenia o historia evolutiva de las especies y hasta la interpretación del genoma humano. Todas estas cosas y muchas más hacemos los biólogos sin que casi nadie se entere, solo porque no recibimos pacientes con bata blanca ni pinchamos a los niños desde pequeños creando en ellos un respeto reverencial hacia nosotros como hacen los galenos.

Y como hemos mencionado varias veces a Michael Crichton y sus libros, el argumento principal de *Jurassic Park*, que consiste en reconstruir el genoma de especies extintas a partir de sangre encontrada en el interior de un mosquito que picó a un dinosaurio y después quedó conservado en ámbar, también se basa en las PCR.

Pero el gran Kary Mullis fue uno de los pocos a los que no les importaba tanto el dinero y el prestigio oficial como la lucha por la verdad. Mientras hacía surf en California, sus ideas se aclaraban, su contacto con el mar lo hacía diferente, por eso empezó a decir verdades como puños que a la comunidad de científicos, apesebrados esclavos del relato oficial, no iban a gustarles. Es curioso cómo trata el *consenso científico* —un concepto absurdo *per se* y que no existe para casi nada porque es anticientífico consensuar ciencia— a aquellos de los suyos que, una vez llegados a un alto nivel, se atreven a salirse del guion de los que financian todo; igual que le pasó después a otro biólogo premio nobel de Medicina o Fisiología, Luc Montagnier. Cuando estos héroes osan decir la verdad, todo su prestigio, currículum y trayectoria impecables no los libran de la difamación generalizada financiada por la propaganda que domina el mundo, que no duda en atacar con desmesurada crueldad a personas brillantes, geniales y experimentadas que deberían estar en ese Consejo de Ancianos del que ya hablamos, rigiendo el mundo de por vida.

Cuando desaparezcan los incómodos *boomers* con ataques de sinceridad ya mencionados, la última generación de sabios con ética, lo que quedará serán criaturas amamantadas por universidades globalistas sin capacidad de crítica ni criterio independiente.

Pues sí, Mullis denunció la falacia climática, el cuento del ozono y la estafa del sida. Un tipo así, que encima inventó las PCR que iban a ser el instrumento principal del engaño, no podía estar vivo cuando empezara 2020, iba a ser un peligro para el globalismo. En mi *molesta* opinión, es otro de los biólogos y médicos mártires que algún día serán recuperados como los héroes que fueron.

En una entrevista que me hicieron en 2020, tuve la ocurrencia de bromear diciendo que PCR significaba realmente «Para Crear Rebrotes», y así se ha demostrado.

Dado que parece que a los creyentes del relato oficial covidiano no les bastan las declaraciones grabadas del propio inventor de la prueba afirmando que no sirven para diagnosticar y determinar que alguien tiene o no una enfermedad, un puñado de *contrarians* en el mundo nos desgañitamos durante dos años explicando una y otra vez por qué las PCR en la COVID-19 eran la mayor estafa científica de los últimos tiempos. Simplemente, estaban siendo utilizadas a unos niveles de amplificación tales, llamados *ct* o *ciclos de amplificación*, que las autoridades sanitarias podían convertir a cualquier persona sana, a cualquier paciente (o accidentado) o a cualquier fallecido por otras causas ajenas en un peligroso asintomático, un ingreso o un muerto por COVID-19.

Los kits precalibrados estaban siendo analizados a menudo por máquinas que ni siquiera los departamentos de microbiología clínica de los grandes hospitales conocían exactamente cómo funcionaban; salían «positivos» a «COVID» por millones porque a tales niveles de amplificación absolutamente todas las enfermedades infecciosas, respiratorias e incluso el estrés reaccionaban. No solo eso, es que estas pruebas estaban detectando material genético de «virus» endógenos que forman parte del microbioma humano habitual en estado de salud absoluta. El truco era sencillo: cuantas más PCR hagas a la población sana, más peligrosísimos asintomáticos podrás sumar a las curvas estadísticas de los telediarios; de este modo se da la sensación de emergencia que justificarán las lucrativas inyecciones a las que la gente se prestaría de forma voluntaria.

CAPÍTULO 26

LOS HIJOS DEL CAPITÁN TRUENO

«La tradición intelectual es de servilismo hacia el poder, y si yo no la traicionara me avergonzaría de mí mismo».
Noam Chomsky

Para entonces, en todo el mundo ya habían surgido voces discordantes con ese relato oficial y nos íbamos conociendo unos a otros: la bióloga Almudena Zaragoza, que fundó Biólogos por la Verdad, grupo al que me uní al principio; el biólogo Jon Ander Etxebarría, y valientes galenos como la Dra. Natalia Prego y el Dr. Ángel Ruiz Valdepeñas, quienes fundaron Médicos por la Verdad en España; el Dr. Alejandro Sousa Escandón, la Dra. María José Martínez Albarracín, y otros que fueron saliendo del armario poco a poco. Tanto en Argentina, con la Dra. Chinda Brandolino y el Dr. Oscar Botta; como en México, con Karina Acevedo-Whitehouse; como en Alemania, con, por ejemplo, Heiko Schöning, y en toda Europa y Estados Unidos, comenzaron a sonar cientos de biomédicos, veterinarios y divulgadores que habíamos visto el engaño de forma independiente pero que ahora nos empezábamos a organizar.

Y entonces habló Bosé.

Desde que yo era niño admiraba profundamente a Miguel Bosé porque ya entonces me gustaba llevar la contraria y porque me parecía diferente e interesante. Todas sus *fans* entonces eran chicas, menos yo. Al machote ibérico de mi edad le daba más popularidad seguir al grupo Ñu, a Siniestro Total o al metalero patrio Rosendo; también los anglosajones e insoportables U2 o Sting proporcionaban más prestigio intelectual a un *aborrescente* de mi edad. Cada vez que ponía una de sus canciones en una reunión de amigos me miraban raro; por eso decidí engañarlos. Me las arreglé para conseguir varios vinilos de Bosé en otros idiomas, de tal suerte que mis amigos cuando les ponía temas menos conocidos y cantados en italiano o francés no lo reconocían y me decían: «¡Uy, cómo mola! ¿Quién es?». Coleccionaba las revistas donde salían sus entrevistas no escapando a mi percepción que acostumbraba a decir en ellas que, de no haber sido cantante, le hubiera gustado ser biólogo marino. Además, solía mencionar a lobos y ballenas en sus letras. Muchos años después, en 2007, llegó mi momento. Habíamos rodado y montado una maravillosa película documental titulada *Todos por la Mar* con la asociación Alnitak de Ricardo Sagarminaga y se me ocurrió que Miguel Bosé podía ser perfecto para ponerle voz a mi guion. Conseguí su contacto y le llevé una copia sin terminar a su casa de Somosaguas, la dejé en el buzón con una carta que decía: «Estimado señor Dominguín: Llevo muchos años haciendo películas documentales en espera de hacer alguna lo suficientemente buena como para pedirle que la locute... gratis».

Quiero que sepan el tipo de persona que es Miguel. No solo me dijo que sí, es que además me atreví a hacer el montaje final de créditos con una canción suya que también le pedí... gratis, y, para más inri, tuvo el detalle de acudir en persona al estreno de la película en la sede de la Sociedad General de Autores y Editores de Madrid, atrayendo a toda la prensa a nuestra causa, la cual no nos hubiera hecho el menor caso si él no hubiera estado. No hicimos más que molestarlo y pedirle cosas, siendo él una leyenda en su máximo nivel de éxito. No nos conocía de absolutamente nada entonces, y nos lo dio todo. Yo no me había equivocado al elegirlo como mi muso.

En efecto, en plena debacle y presión de los medios atacando a todos los que dijéramos algo y ante el silencio cómplice del mundo del espectáculo, el cine y la música en todos los países, Miguel Bosé, con su voz en recuperación de una afección de cuerdas vocales, sale en los medios diciendo que todo lo ocurrido con la COVID-19 es una farsa, ¡era el *megaboomer*! El ataque, la crueldad y el intento de descrédito de los medios de comunicación de medio mundo contra Miguel por atreverse a ser sincero fue tan despiadado que espero y deseo que todos esos miserables bien conocidos que colaboraron en él tengan un grano en los glúteos de por vida por haber hecho eso. Se burlaron de su enfermedad en la voz, lo imitaron sin compasión, poniéndolo como ejemplo de todo lo contrario a lo que es; practicaron un acoso sistemático de difamación y desprestigio contra alguien que además acertó en casi todo lo que dijo, como ha quedado demostrado años más tarde. Las hordas colaboracionistas de tertulianos y todólogos volcaron su odio por órdenes de arriba porque había que dar una lección modélica con el fin de que ningún famoso más se atreviera a decir lo que muchos de ellos pensaban. Individuos con un graduado escolar a duras penas, mediocres presentadores de magacines de prensa rosa se atrevieron a calificar de *ignorante* a un tipo que es ahijado de Luchino Visconti; al que le daba el biberón Ernest Hemingway un día y Pablo Picasso lo paseaba al siguiente; Medalla de Oro al Mérito en las Bellas Artes; discípulo de Lindsay Kemp en París y de Martha Graham en Nueva York, y con más de veinte álbumes editados. Les daba igual criticar a biólogos premios nobel que a leyendas de la cultura; si osas criticar el cuento del pangolín, tu vida se convertirá en una pesadilla, seas quien seas. Hoy la calidad humana de alguien se mide por cuánto te criticaron entonces, y la miseria se cuantifica por lo que colaboraste en linchar a otros que tenían razón.

También en el ámbito periodístico algunos valientes se atrevieron a abrir el debate y la duda razonada dándonos voz en sus programas mientras las cadenas más grandes nos vetaban de forma descarada e incluso hacían programas tratando de descalificarnos con diversas excusas. Algunos escritores, como la Dra. Cristina Martín Jiménez, habían ya escrito libros proféticos vinculando futuras pandemias a los poderes globales ligados entre otros al Club Bilderberg, del cual es especialista. Entre estos periodistas es justo citar también a Fernando Paz y a su mítico programa *La Inmensa Minoría* de El Toro TV, a Javier Villamor, a María Durán, a Julio Ariza, a Jesús Ángel Rojo, al exiliado voluntario César Vidal y al genial Juan Manuel de Prada, más bien escritor que periodista, pero uno de los pocos que apoyó a la ya llamada *disidencia* en cabeceras importantes como *ABC*. El resto, callados, acobardados, manteniendo sus puestecitos a base de seguir colaborando o de hacer disidencia controlada —lucrándose de parecer revolucionarios sin jamás pasar ciertas líneas—, a mi juicio, merecen el nombre que les di de *perrodistas*, porque eso no es periodismo.

Se creó la figura nefasta del «experto» en las tertulias y televisiones, que aparecía una y otra vez metiendo miedo a la gente a base de blanquear esos datos sesgados, verdades a medias y afirmaciones contundentes con la palabra *inmunización* siempre en los labios. Todos ellos, con evidentes conflictos de intereses, afán de protagonismo o ambas cosas, que se hicieron famosetes, como virólogos y urgenciólogos; incluso algunos de ellos montaron programas en YouTube con miles de seguidores. Hacían ver que eran críticos cuando no lo eran, fingían criticar al Gobierno en detalles tontos mientras obviaban lo que aquí contamos de las PCR, de la efectividad de las falsas vacunas, de los asintomáticos ficticios o del lenguaje engañoso. Todos estos colaboracionistas se hincharon a ganar dinero y fama, a publicar libros, incluso a patentar inventos anticontagio absurdos, y todavía cuentan con decenas de miles de seguidores. Mientras tanto, a los demás nos echaban de nuestras colaboraciones, perdíamos clientes, nos expulsaban de los grandes medios o directamente otros eran privados de sus licencias, como en el caso de los médicos valientes.

De entre todos ellos, mis favoritos son, sin duda, el Dr. Alejandro Sousa Escandón, del que pronto hablaremos, y la diosa de la sabiduría biomédica, la Dra. María José Martínez Albarracín; no puedo escuchar a ninguno de ellos sin sufrir una variante científica del conocido síndrome de Stendhal, que solo se me atenúa si tengo la suerte de poder tomar apuntes.

La Dra. Martínez Albarracín explicó perfectamente —en un libro titulado *COVID-20, una radiografía del COVID-19 y una ventana hacia un nuevo paradigma*— lo que son las PCR. Un RT-PCR positivo no significa infecciosidad ni virulencia porque solamente detecta pequeños fragmentos del genoma vírico de menos de doscientos nucleótidos, cuando el supuesto virus tiene más de treinta mil. Por tanto, los PCR son inexactos, no aportan información epidemiológica útil; no son específicos de SARS-CoV-2 porque los reactivos y cebadores detectan secuencias del coronavirus humano HCoV-NL63 que tiene prácticamente toda la población. Presentan interferencias con otros virus y bacterias asociados a neumonías. Un estudio de Bullard y colaboradores dice claramente en sus conclusiones que solo se detectan fragmentos del virus si la PCR da positivo a 24 Ct o menos. Cada ciclo añadido duplica la posibilidad de error.

La guía *Minimum Information for Publication of Quantitative Real-Time PCR Experiments* —publicada en 2009, y que da las directrices para dotar de garantía de integridad a las publicaciones científicas que usen las PCR como base— marca claramente que una PCR por encima de 35 ciclos no es fiable. Se han estado haciendo toda la pandemia a 40 y 45 ciclos.

Y todo esto nadie —ni médicos, ni biólogos, ni periodistas, ni políticos— puede decir que no lo sabía, porque lo estábamos advirtiendo y explicando miles de científicos en todo el mundo desde el principio. Cuando se dieron cuenta de que mucha gente nos escuchó y exigían saberlo, los laboratorios y los hospitales se negaban a informar a los pacientes del número de ciclos a los cuales se les había hecho esa PCR que destrozaba sus vidas llevándolos a una planta del hospital llena de infecciosos de todo tipo, donde, en lugar de curarles su patología o lesión, acababan cogiendo lo que no tenían, y a las que yo bauticé como *salas de cultivo*. Yo mismo, que estuve ingresado veintiún días en agosto de 2021 con neumonía bilateral grave, aislado en planta COVID del Hospital Universitario Gregorio Marañón de Madrid, no conseguí nunca averiguar a cuántos ciclos me hicieron las tres PCR que no tuve más remedio que aceptar. Moví amistades e influencias, pero jamás obtuve ese dato.

A todo esto, en un documento publicado por los CDC de Estados Unidos, el 13 de julio de 2020, reconocían «no disponer de virus aislados cuantificados». Ya sabemos que los llamados virus SARS son estructuras quiméricas inestables imposibles de cultivar. La secuenciación se hizo con bases de datos genómicas virtuales. Los intentos de cultivo se han hecho sobre células *in vitro* llamadas Vero, que provienen de riñón de macaco. Por tanto, no se han determinado nunca las dosis infecciosas del SARS-CoV-2 mediante cultivo celular. Sin eso, es absolutamente imposible diseñar ningún test fiable. Por tanto, la única forma de saber si un resultado positivo PCR se corresponde con un agente infeccioso activo es mediante un cultivo vírico. Para ello se debe extraer la muestra de un paciente positivo, inocularse en cultivo celular y comprobar que hay muerte celular.

Pero casi nadie nos escuchó, pues los médicos, con su poder de la bata blanca —que no saben, en su mayoría, absolutamente nada sobre cómo funciona por dentro una PCR ni qué detecta o no—, recibieron órdenes de gerencia y de las autoridades sanitarias —por supuesto, financiadas por los fabricantes de esos kits patentados— de que a todo ingreso se le hiciera uno.

Y como ya he dicho que mi participación en esto es más como guionista de documentales que como biólogo de laboratorio, escuchando con atención un telediario, fijándome bien en las palabras que utilizaban, me di cuenta del truco dialéctico. Estaban mezclando un cambio sutil pero determinante en dos preposiciones: *por* y *con*.

Según la Real Academia de la Lengua Española, una *preposición* es una «palabra invariable que se utiliza para establecer una relación de dependencia entre dos o más palabras [...] el tipo de relación que se establece varía según la preposición».

¿Una relación de dependencia?, ¿una relación que varía según la preposición? ¡Eureka! Ahí estaba el truco del que nadie se había dado cuenta; estaban utilizando la expresión «por COVID» en lugar de la correcta «con COVID». Pero la diferencia era radical, intentaban asustar inflando las cifras de contagiados, ingresados y muertos por dos y por tres. ¡Era un escándalo! ¿Cómo algo tan sutil podía marcar la diferencia en el planeta entero entre que hubiera una emergencia o no la hubiera? De inmediato, lo conté en varios programas de televisión de los pocos que todavía daban voz a los biólogos y médicos disidentes en España; en cadenas como Distrito TV y El Toro TV, expliqué varias veces la diferencia entre *por* y *con*, y lo publiqué en Twitter, donde ya contaba con cerca de cuarenta mil seguidores cuando me lo cerraron por desinformación científica. No era fácil de explicar, por eso ideé un símil con la alopecia a través del cual era más fácil de entender la absurdez a la que nos estaban sometiendo sin que nos diéramos cuenta.

Sería como si los médicos empezaran a decir que la gente se muere por ser calva porque hay un alto porcentaje de personas que en el momento de fallecer tienen poco pelo, lo cual obviamente se debe a la avanzada edad o a diversas causas ajenas por completo a su defunción. Por tanto, estaríamos en el mismo caso de confundir morir *con* alopecia (hecho cierto) con morir *por* alopecia (hecho falso). De inmediato, millones de personas razonables se dieron cuenta de que se estaba utilizando este tipo de trucos para generar miedo, pero seguíamos siendo minoría. Avisé a ilustres periodistas en privado, hice vídeos que se viralizaron..., pero los cuatro expertos con conflicto de intereses, que eran entrevistados una y otra vez en las grandes cadenas de radio y televisión, se hicieron los suecos. No era posible que eso fuera casual, toda persona inteligente y honrada que oía este argumento de inmediato lo hacía suyo. Pues bien, más de dos años después, cinco olas más tarde y con un 90 % de la población española inoculada, la propia ministra declara oficialmente que «estábamos contando mal los casos, a partir de ahora vamos a distinguir entre fallecimientos con COVID y fallecimientos por COVID». Y este tipo de declaraciones se repiten por mandatarios de todo el mundo.

Es decir, están reconociendo haber estado dando datos falsos de la pandemia durante dos años, datos que sirvieron para crear una emergencia que no era tal, y que justificaron la autorización de uso de emergencia de unas terapias génicas sintéticas de ARN mensajero que media humanidad ha aceptado inyectarse precisamente por esos datos. ¿Y ya está?, ¿no pasa nada? O sea, os hemos mentido para asustaros, os hemos encerrado en vuestras casas arruinando la economía, os hemos obligado a llevar compresas en la cara impidiéndoos respirar, hemos dividido las familias y las sociedades y os hemos inducido a aceptar terapias inútiles y muy peligrosas, simplemente, cambiando un *POR* y un *CON*. Y, además, esos *CON* ni siquiera eran verdaderos, pues estaban generados por unas pruebas PCR diseñadas para fallar. ¿El mundo no se levantó? No, el mundo no se levantó. ¿Por qué? Lo vamos a ver, porque a esas alturas de *plandemia* o *infodemia* ya eran presas de una disonancia cognitiva generada por una ingeniería social nunca vista, capaz de anular la inteligencia de los más preparados, porque el MIEDO funciona en unos circuitos neuronales distintos a los del pensamiento inteligente no emocional.

CAPÍTULO 27

LAS MUJERES TAMPOCO PUEDEN HACER DOS COSAS A LA VEZ

«Tonto es aquel que hace tonterías»,
Forrest Gump.

Para entender lo que ha pasado en el cerebro de tantas personas debemos acudir a otro premio nobel, pero esta vez en Economía: Daniel Kahneman fue el primer no economista en conseguirlo, en 2002. Como psicólogo estudió durante años los procesos de toma de decisiones y su relación con los sentimientos, llegando a unas conclusiones muy brillantes. Los llamó *sesgos de intuición*, y descubrió que somos proclives a seguir más a percepciones y sentimientos que a datos meditados. Describe también algo a lo que llama *intuición experta*; se trata de reconocer elementos que nos son familiares en situaciones nuevas, es decir, lo que me pasó a mí y supongo que a miles de personas cuando empezó la *plandemia* porque ya habíamos asistido a estructuras narrativas similares, como, por ejemplo, el cambio climático, la Leyenda Negra o las falacias ultrafeministas; digamos que somos capaces de reconocer el patrón de un montaje propagandístico si lo hemos visto antes, y eso es exactamente lo que pretendo con este libro. Si somos capaces de desglosar las secuencias del relato falaz una vez, estaremos preparados para reconocerlo cuando lo vuelvan a intentar.

La secuencia es siempre la misma: suceso que produce miedo, argumentos prefabricados emocionales, testimonios elegidos que den mucha pena, bloqueo de todo pensamiento crítico, ausencia de debate, censura a expertos ajenos y propuesta de solución única.

¿Por qué esto funciona tan bien incluso con personas muy inteligentes? La clave está en el primer paso, el desencadenante emocional, en este caso fue el miedo a la muerte. Básicamente Kahneman describe dos formas de funcionamiento de nuestros cerebros, los llamó Sistema 1 o pensamiento rápido, y Sistema 2 o pensamiento lento. El Sistema 1 es automático, intuitivo, rápido y no requiere esfuerzo, es impulsivo y se basa en asociaciones de ideas. Genera sin esforzarse sentimientos e impresiones que son las fuentes principales de las creencias y elecciones del Sistema 2. Se pueden hacer varias cosas a la vez si son del Sistema 1, pero no si son del Sistema 2. Por tanto, esa sentencia discriminatoria que tanto se oye que reza que las mujeres pueden hacer dos cosas a la vez, pero los hombres no, significa en realidad que se trata de problemas del Sistema 1, siento quitarles la ilusión, chicas.

En cambio, el Sistema 2 de pensamiento lento es el sitio de la actividad mental esforzada que exige concentración y trabajo, cálculos complejos, mucha atención para tomar elecciones realmente deliberadas; sirve para comprobar la validez de un argumento lógico complicado. Cuando pensamos en nosotros mismos, siempre nos imaginamos identificados con el Sistema 2, todos creemos decidir de forma muy sosegada..., pero no es cierto.

Lo malo es que disponemos de un presupuesto de atención limitado para el Sistema 2, las actividades que lo utilizan interfieren unas con las otras; ese es el motivo por el cual, si la gente está preocupada por su trabajo, por su familia y por sus recursos, les es imposible ponerse a estudiar sobre virus, colapsan y se pasan de inmediato al Sistema 1, que lo resuelve rápido, literalmente en dos telediarios. ¡Eso ocurrió!

Dice Kahneman que el Sistema 1 hace sugerencias constantemente al Sistema 2, le da impresiones, sensaciones, intenciones…, y si alguna de ellas cuenta con la aprobación del Sistema 2, atención, se convierte en creencia. Cuando una sensación de miedo inducida por montones de féretros o gente intubada en las TV es recibida por el Sistema 1 y después es aprobada por el Sistema 2 y se transforma en creencia, es casi imposible que esa persona vuelva a revisar jamás cómo llegó a esa conclusión, desde ese momento la defenderá buscando argumentos para aumentar su sesgo de confirmación, pero nunca volverá atrás a reconsiderar si se precipitó, ¿le suena?

Pero al Sistema 2 le afecta mucho la pereza y el cansancio. Además, la gente con la mente muy ocupada por su trabajo es más probable que haga elecciones egoístas y emita juicios superficiales en situaciones sociales. Sin embargo, las respuestas del Sistema 1 a menudo proporcionan una respuesta intuitiva, atractiva… y falsa: virus – contagio – muerte – vacunas. Cuando actúa el Sistema 1, atención, la conclusión viene primero y los argumentos después; de esto, se encargan los medios de comunicación *perrodísticos*, de inducir el miedo y después ofrecerle a usted una batería de argumentos de refuerzo que encajen como anillo al dedo.

Pues bien, como hemos explicado a lo largo de este libro, todo el sistema educativo, informativo, político y social está diseñado por el globalismo para eliminar del planeta Tierra el Sistema 2 de Kahneman y crear una sociedad global de Sistema 1 permanente mediado por lo audiovisual.

Cuando una respuesta plausible viene rápido a nuestra mente, invalidarla requiere un duro trabajo que cada vez más a menudo no estamos dispuestos a tomarnos, la sociedad de la inmediatez se encarga de no dejarnos recapacitar sobre nada.

En su libro *Pensar rápido, pensar despacio*, Kahneman explica los fascinantes experimentos científicos que lo llevaron a él y a su equipo a estas conclusiones. Otro de esos conceptos que me parece interesante en nuestro análisis de la infodemia iniciada en 2020 es el de *disponibilidad heurística*, que nos explica que juzgamos la abundancia o frecuencia de algo por la facilidad en la que los casos vienen a nuestra mente. Esto es claramente utilizado por las televisiones para influir en nuestras decisiones. Hizo que, cuando ellas quisieron, cualquier tos o gripe, cualquier neumonía o muerte nos pareció «COVID», bombardeándonos con imágenes repetitivas, nos crearon la sensación de que era mucho más frecuente de lo que en realidad era; sin embargo, cuando la ola de muertes por ictus, infartos y problemas de todo tipo que dimos en llamar *repentinitis* debidas a los efectos adversos graves de las falsas vacunas asoló el mundo, muriendo gente vacunada por todo tipo de afecciones, mucha gente no lo asoció y con mayor mortalidad y casos tenían la sensación de que todo iba mejor; puro Sistema 1, el Sistema 2 hubiera analizado las estadísticas de mortalidad detenidamente o hubiera escuchado al amigo «negacionista» que no para de pasarte estudios, pero eso hubiera requerido un esfuerzo.

La gente tiende a evaluar la importancia de ciertos asuntos según la facilidad con la que son traídos a la memoria, y ello viene determinado por el grado de cobertura que encuentran en los medios de comunicación, los temas frecuentemente mencionados nos parecen más importantes.

El Sistema 1 tiene sesgos sistemáticos, no entiende nada la lógica, y menos la estadística, y jamás puede ser desconectado; pero el Sistema 2 está convencido, cree firmemente que es él el que manda y que conoce perfectamente las razones de sus elecciones. Por eso los «negacionistas» están siempre leyendo, explicando, buscando *papers* científicos, desentrañando gráficos, meditando argumentos, datos y nuevos hallazgos con fe y esfuerzo infinitos para tratar de convencer a los creyentes, los cuales, sin embargo, no se documentan en absoluto más allá de lo que oyen en los medios porque están tan convencidos de que su elección fue del Sistema 2 que no pueden rebatir prácticamente nada porque en realidad fue su Sistema 1 el que quedó impactado al principio porque un amigo enfermó o por desgracia falleció un ser querido.

Aquel que tuvo una pérdida al principio de 2020 y le dijeron que fue por el coronavirus se convirtió de inmediato en el mayor de los creyentes; en lugar de poner en duda e investigar si en realidad su pariente pudo haber sufrido un error médico, iatrogenia o fue víctima de la psicosis colectiva que abandonó a los ancianos en las residencias muertos de miedo y con la prohibición de llevarlos a los hospitales por si hacían falta para los más jóvenes que nunca llegaron.

Lo mismo ocurre todavía y seguirá durante años con los muertos por efectos adversos de las terapias génicas inoculadas, los familiares parecen conformarse, el médico se quita el problema de encima, no se hacen autopsias y aquí paz y después gloria.

No quieren saber, es una verdad incómoda y reaccionan de forma muy violenta cuando se les sugiere que pudo ser por eso. Los médicos tienen orden de negarlo, pero los familiares no la tienen de creérselo, y sin embargo lo hacen. Quizá es mejor no saber que tu abuela o tu padre, que no querían vacunarse y fueron presionados por ti, después han fallecido por esa causa, y no digamos cuando se trata de un hijo pequeño.

Y sentencia Kahneman: «Nuestra consoladora convicción de que el mundo tiene sentido descansa sobre un fundamento seguro: nuestra capacidad casi ilimitada para ignorar nuestra ignorancia».

Una de las trampas cognitivas en las que frecuentemente caemos y que es utilizada por los medios de desinformación masiva es la «activación asociativa». Se trata de que ciertas ideas o palabras evocan otras en cascada sin que podamos evitarlo, y estas a su vez evocan o activan ciertos recuerdos.

Llegan incluso a producir reacciones físicas involuntarias. Cuando se oye la palabra *vómito*, por ejemplo, se ha registrado en experimentos que el rostro se contrae, aumentan las pulsaciones y se activan las glándulas sudoríparas, todo ello fuera de nuestro control. La expresión facial y los gestos de rechazo a su vez refuerzan e intensifican las sensaciones a las que están vinculadas y las ideas compatibles. Lo impresionante es que, cuando esto pasa, hemos de ser conscientes de que nuestro Sistema 1 ha tratado la mera conjunción de dos simples palabras como si fuera una realidad: «Tengo COVID».

La fuerza de las palabras, como explicamos al principio, los salmos, las palabras mágicas... resulta que eran una realidad científica que se puede medir empíricamente. No eran creencias de pueblos antiguos y atrasados, conforman nuestros pensamientos y determinan muchas decisiones subconscientes.

Los experimentos psicológicos recientes nos hablan también del llamado *priming* o *primacía*. Por ejemplo, si nos dicen la palabra *comer* y después nos hacen completar la palabra *JA... ÓN*, estaremos más dispuestos a completarla como *jamón* que como *jabón*.

La primacía se utiliza constantemente en los noticieros con la simple estrategia de colocar ciertas imágenes y palabras al lado de otras de modo que nuestra mente forme asociaciones perversas. Lo hacen sin parar con personajes que intentan que nos caigan mal, como Trump, Putin, Aznar o con cualquier «negacionista». Es impresionante cómo funciona este truco tan aparentemente burdo solo porque la gente está convencida de que ese personaje realmente les cae mal porque han tomado esa decisión con el Sistema 2.

Las evidencias de los estudios sobre el *priming* concluyeron algo tan inquietante como que recordar a las personas que son mortales aumenta la atracción por las ideas autoritarias que pueden resultar tranquilizadoras en el contexto del miedo a la muerte. Ya vimos cómo se educa a las nuevas generaciones de espaldas al concepto místico y trascendente de la *muerte*, lo cual los hace muy vulnerables, incluso agresivos, cuando se la ponen delante de pronto, favoreciendo actitudes despóticas en la población contra los colectivos a los que culpan, como los malvados purasangres negacionistas, aquellos que han decidido usar el Sistema 2 en lugar del Sistema 1, como la mayoría.

CAPÍTULO 28

EL GEN ARC

«Antes pensábamos que nuestro futuro estaba en las estrellas. Ahora sabemos que está en nuestros genes».
James Watson

Estamos siguiendo tres historias paralelas en nuestro viaje negacionista: una se refiere a los genes; otra, a cómo nuestra mente procesa la información audiovisual afectando a nuestra toma de decisiones, y una tercera, que es el relato de un virus que cambió el mundo para siempre. Se completan unas a otras hasta que converjan en lo que espero que sea una perspectiva original que nos permita reflexionar seriamente sobre varios paradigmas o dogmas que quizá sea el momento de poner en duda ahora que cada ciudadano es un biólogo en formación.

Pronto vamos a cuestionar el concepto tradicional de la palabra de la década, *virus*, que habrá usted observado que suelo escribir con esas incómodas comillas; pero antes, permítame contarle un descubrimiento rompedor que, sin duda, va a hacer temblar ideas preconcebidas que todos tenemos antes de conocerlo.

Para empezar, hemos de tener en cuenta que parte del genoma humano procede de «virus» que a lo largo de nuestra larga historia biológica efectuaron alguna invasión, se habla de entre un 40 a un 80 % de nuestros genes.

En los años 2016 y 2018, pudimos leer dos titulares increíbles que venían a decir más o menos lo mismo: «Por casualidad descubren un gen que se comporta como un virus».

Unos neurobiólogos de la Universidad de Massachusetts en Estados Unidos estaban estudiando los mecanismos de un gen involucrado en la memoria para comprender mejor la enfermedad de Alzheimer en humanos, cuando se encontraron con un gen muy extraño capaz de enviar su material genético de una neurona a otra utilizando una estrategia normalmente usada por los virus.

Pero resultó que en realidad ese gen proviene en efecto de un antiguo virus y que pudo ser el responsable de la consciencia humana, podría ser el origen del pensamiento complejo.

James Ashley y Benjamin Cordy, del Departamento de Neurobiología de dicha universidad, publicaron en la revista *Cell* su sorprendente hallazgo coincidente con otro equipo. Este gen está perfectamente activo en nuestros cerebros ahora mismo, nos acompaña antes de ser humanos porque unió su ADN a los animales cuadrúpedos a los cuales pertenecemos.

Se trata de paquetes diminutos de información que podrían ser el mecanismo básico por el cual los nervios se comunican entre sí organizándose con el fin de elaborar el pensamiento superior. Podríamos decir que pequeños fragmentos de ADN de origen exógeno se integraron en nuestro genoma suponiendo mejoras en diversos órdenes, algunos ayudaron al desarrollo del embrión, otros mejoraron el sistema inmune… y este pudo crear ¡el pensamiento humano!

Elissa D. Pastuzyn, del Departamento de Neurobiología y Anatomía de la Universidad de Utah, llegó a una conclusión parecida; explica en su artículo que muy poco tiempo después de que una sinapsis, la unión entre dos neuronas, se dispare, el gen viral cobra vida repentinamente y se pone a escribir sus instrucciones en forma de fragmentos de ARN, es decir, el código genético móvil.

Para entendernos, el ADN almacena información genética, pero no la expresa; está bien guardado en el núcleo de la célula, custodiándola, pero no puede salir por sí mismo, para hacerlo necesita al llamado ARN, al mensajero que lo conecta con el exterior llevando las instrucciones para formar proteínas y desatar todos los procesos biológicos. No necesitamos saber más para entenderlo, en el fondo es simple.

Las proteínas, en cambio, expresan esa información y realizan todas las funciones, pero no la almacenan.

Entonces un tal Francis Crick, el enésimo biólogo que ganó el Premio Nobel de Medicina o Fisiología, propuso que antes del ADN debió existir una macromolécula capaz de ejecutar ambas funciones a la vez, aunque de forma más deficiente; supuso que sería el ARN: «En el principio fue el ARN», dijo.

Ese ARN mensajero lleva un solo hilo de los dos que tiene la doble hélice del ADN, pero con ese hilo único se puede formar el segundo, pues sus piezas son complementarias y siempre se emparejan dos a dos.

Teniendo un hilo se tiene también el otro a efectos prácticos. Curiosamente muchos virus son exactamente eso, ARN empaquetado que viaja de unas células a otras. Después, con estas instrucciones del extraño gen la célula nerviosa se pone a construir envolturas llamadas *cápsides*, es decir, empaquetan ese ARN en proteínas y lo envían a viajar de célula en célula, exactamente lo que hace un virus.

Al gen-virus prodigioso lo llamaron *Arc*, y la gente en la que no funciona del todo bien suele padecer autismo u otras afecciones neuronales.

¿Es decir que fue un virus el que nos hizo humanos?

En el segundo artículo en la revista *Cell*, otros dos biólogos, Nicholas F. Parrish y Keizo Tomonaga, de las Universidades de Nashville y Kyoto, añaden que el proceso descubierto ofrece la mejor explicación conocida de cómo las células nerviosas intercambian la información necesaria para reorganizarse en el interior del cerebro, y añaden textualmente: «Estos procesos subyacen a funciones cerebrales que van desde el condicionamiento operativo clásico (formas simples de recompensa y aprendizaje basado en el castigo) hasta la propia cognición humana y el concepto del *yo*». De modo que nos dicen que en un evento ancestral ocurrido hace cientos de miles de años, un virus introdujo el gen *Arc* que codifica para una proteína que permite a nuestro cerebro cambiar y adaptarse a nueva información. *Arc* se autoensambla en cápsides como los virus, es como un virus, hace lo que un virus… ¿Acaso no deberíamos entonces revisar el concepto clásico de *virus*?

«Empezamos esta línea de investigación sabiendo que *Arc* era especial de muchas maneras, pero cuando descubrimos que *Arc* era capaz de mediar el transporte célula a célula de ARN, nos quedamos de una pieza», señala Elissa Pastuzyn en su artículo.

Otro equipo llevó a cabo también estudios evolutivos que permitieron averiguar que el gen *Arc* mamífero actual deriva de elementos anteriores a los retrovirus, que se integraron en el genoma de un organismo ancestral mucho antes, hace millones de años.

Pero, cuidado, que nos encontramos que nuestra amiga de ojos rojos de otro capítulo aparece también aquí. Al parecer no es la primera vez que algo así ocurre en la evolución. El gen *Arc1d* de la mosca de la fruta muestra propiedades similares e interviene en la transferencia de ARN mensajero entre las células del sistema nervioso de este organismo tan alejado de la especie humana, o no.

Es decir, que va a resultar que la comunicación cerebral que me está llevando en este momento a mí a escribir y a usted a leerme se debe a un proceso entre neuronas homólogo al que usan los virus para «infectar» a las células.

Lo más curioso de estos hallazgos es que no deberían ser tan sorprendentes si cambiamos el arcaico, obsoleto y muy equivocado concepto de *virus*. A lo mejor, si es del color de la leche, sabe a leche y actúa como la leche…, ¡es que es leche!

Me empiezan a recordar a los que contaban genes y estuvieron años sumando mal por sesgo cognitivo y por no atreverse a cambiar un paradigma; o a aquellos antropólogos victorianos británicos sorprendidos porque los pigmeos que habían capturado en África y llevado a Londres para estudiarlos ¡actuaban como seres humanos!

CAPÍTULO 29

DAMNATIO MEMORIAE

«La medicina ha avanzado tanto en los últimos tiempos que ya todos estamos enfermos».
Aldous Huxley

Fue el químico francés Louis Pasteur quien formuló para la historia la teoría microbiana de la enfermedad infecciosa asociada a agentes patógenos microscópicos externos o gérmenes, cuya misión es invadirnos y hacernos enfermar. Sin embargo, desde su propia época los famosos postulados de Koch de 1890 que, se supone, establecen esa relación causa-efecto no se han cumplido prácticamente nunca porque los agentes patógenos se encuentran casi igual en personas enfermas y en personas sanas. Entonces, ¿cómo saben que son los causantes de las patologías? La propia revista *Lancet* publicó un artículo el 20 de marzo de 1909 en el que ponía literalmente: «Los postulados de Koch se cumplen raras veces, por no decir nunca». Lo paradójico es que al final de su vida ni el mismísimo Pasteur aplicando a Koch pudo identificar el agente causal de la rabia, uno de sus supuestos éxitos ficticios.

La evolución del microscopio inició la controversia. Los biólogos descubrieron un mundo de seres diminutos, invisibles hasta entonces, a los que llamaron *microbios*, de *micro*, «pequeño», *y bios*, «vida», y de inmediato se formaron dos tendencias entre ellos. El primer grupo era el mayoritario porque sus deducciones eran las más lógicas; al ver a aquellas criaturitas dentro del cuerpo humano dedujeron que estaban allí desde siempre y que su función tendrían. Estábamos a finales del siglo XIX y principios del XX, hace cuatro días, como quien dice.

Hay que hacer un esfuerzo de imaginación para ponerse en el lugar de aquellos investigadores que eran los primeros en ver microbios, y cuyos antecesores jamás habían constatado su existencia, por lo cual llevaban siglos curando enfermedades sin saber que existían, aunque algunas teorías ya hablaron de *miasmas* y *animálculos*, adivinando que podría haber seres diminutos. Fue una revolución.

Hoy todo el mundo conoce el nombre del químico Louis Pasteur, pero pocos el del biólogo al que no solo plagió, sino al que, encima, tergiversó, Béchamp.

En 1942, R. Passon escribió el libro *Pasteur: plagiador e Impostor*; algo después, Ethel Douglas Hume escribió otro titulado *Un capítulo perdido de la biología*. Lo increíble de esta historia, excelentemente documentada, es que prácticamente en ninguna universidad del mundo se enseña y que ningún médico o biólogo ahora en activo contempla en absoluto el punto de vista que se demostró acertado, el de Pierre Jacques Antoine Béchamp.

Ambos fueron coetáneos y franceses, desarrollaron sus carreras en el mismo ambiente de París; pero mientras Pasteur, un químico sin conocimiento alguno de biología ni medicina, que no hacía experimentos personalmente y cuya obsesión era la fama se convirtió en un *influencer*, Béchamp, genial desde los diecisiete años de edad en los que obtuvo su primera diplomatura, trabajó incansablemente tratando de entender la naturaleza sin pararse ni un minuto a preocuparse por registrar sus descubrimientos ni figurar en la comunidad científica.

Mientras Béchamp descubría cosas encerrado en su laboratorio, Pasteur se ocupaba de contarlas derrochando simpatía y acumulando buenos contactos, incluido el emperador de Francia, Napoleón III.

La teoría que Pasteur dijo descubrir no solo era errónea, sino que ni siquiera era suya; sin embargo, se ha convertido en un dogma hasta el día de hoy. Gerónimo Fracastorio, poeta y médico italiano, publicó en Venecia en 1546 su obra *De Contagionibus y Contagiosis Morbis y eorum Curatione* con la primera hipótesis de la teoría del contagio, la infección, los organismos patógenos y la transmisión de enfermedades, y lo hizo más de trescientos años antes de que Pasteur dijera lo mismo llamándola *teoría del germen* o *teoría microbiana* arrogándose la autoría de esta. Fracastorio no disponía todavía de microscopio, por lo que seguramente no se dio cuenta de que esos eran organismos de vida individual. Cuarenta y cuatro años más tarde, Jansen, en Holanda, inventó el primer microscopio rudimentario, pero no fue hasta 1683 cuando Antonius van Leeuwenhoek, también de Países Bajos, vio entidades a las que llamó *animálculos* en el agua, la saliva y el sarro dental de vaya usted a saber quién. Buscar entidades en el sarro de alguien es sin duda una labor encomiable.

Poco después, en 1762, el fisiólogo esloveno Marco Antonio Plenciz publicó un libro llamado *Teoría microbiana de las enfermedades infecciosas*; pues bien, el espabilado y famoso Pasteur le copió a este también cien años más tarde. Pero no contento con ello, le arrebató a Béchamp sus trabajos, pero puso de su cosecha un pequeño detalle: cambió a los microbios de consecuencia a causantes de las enfermedades, ¡y se quedó tan ancho!

Pero ¿cómo es posible que un químico mediocre alcance tal fama robando teorías de otros e inventándose conclusiones erróneas anticientíficas? Pues porque las falacias de Pasteur eran exactamente lo que le venía bien a la naciente industria farmacéutica que entonces empezaba a florecer. Apoyándose en el lenguaje bélico de Pasteur según el cual los microbios eran peligrosos invasores exteriores del cuerpo humano cuya única misión era entrar en nosotros y hacernos enfermar o morir, se podían comercializar y vender ingentes cantidades de medicamentos, vacunas, potingues inútiles y sustancias varias para combatir a tan malvados seres.

Sin embargo, lo que Béchamp planteó y la ciencia posterior ha comprobado es todo lo contrario; virus, bacterias y hongos forman parte fundamental de todos los procesos biológicos que hacen que nuestro organismo y el planeta funcionen correctamente, y su presencia en inflamaciones o enfermedades son la consecuencia, no la causa de estas.

Es como si un imaginario biólogo gigante extraterrestre se dedicara a estudiar a esos extraños y diminutos seres humanos. Para ello cada vez que observa una catástrofe, incendio o explosión toma una muestra y la mira al microscopio. Tras hacerlo cientos de veces se da cuenta de que en todos los incendios, además de humanos muertos, edificios calcinados y desorganización, existen unas criaturas que siempre están, algo que se repite indefectiblemente: unos humanos vestidos de azul, con cascos, mangueras y montados en vehículos rojos.

Dado que en todas las muestras de siniestros constata la presencia de estas criaturas azules, deduce que son ellas las causantes: acaba de culpar a los bomberos de los incendios con el mismo razonamiento simplista de Pasteur. Conclusión: para combatir los fuegos hay que matar a los bomberos.

El propio Pasteur era consciente de lo que estaba haciendo y por eso prohibió a su familia que se hicieran públicos sus cuadernos de notas de cuarenta años de trabajo, que permanecieron inéditos hasta la muerte de su nieto en 1971.

Habían pasado ochenta años cuando el historiador de Princeton Gerald Geison hizo un estudio minucioso de los apuntes del «genio» francés, tras lo cual presentó un informe contundente proclamando que Pasteur era un fraude, culpable de mala praxis científica, y que había violado prácticamente todas las reglas éticas de la biología.

Pero a esas alturas el mito ya no pudo pararse, por eso hoy siguen llevando su nombre cientos de calles, colegios, institutos y becas en todo el mundo, y la institución homónima parece el culmen de la honestidad, incluso colaboró con el Laboratorio de Wuhan.

Pero lo peor de todo es que la teoría microbiana del contagio, que jamás ha sido probada, se tiene como dogma biológico y es la que se enseña a los médicos de todo el mundo en las universidades, porque induce a la humanidad a medicarse tratando solo los síntomas, culpando a virus y bacterias de las enfermedades en lugar de ocuparse de los tóxicos ambientales, los malos hábitos, la alimentación, la higiene y el sedentarismo, entre otros factores, como las causas reales.

La más lucrativa y floreciente industria del mundo basada en Pasteur y su culto al microbio busca que la mayor cantidad de personas consuman medicamentos y vacunas de por vida para aplacar exclusivamente síntomas que si dejan la medicación vuelven a aparecer, pero en realidad no curan.

Los microscopios de la época de Pasteur eran muy rudimentarios, hoy en día son prodigiosos, llegando el microscopio electrónico al medio millón de aumentos; así han demostrado que Béchamp estaba en lo cierto cuando describió las *microzimas*.

Los microbios en efecto se encuentran en los organismos enfermos porque acuden, como los bomberos del símil, a reparar las células, deshacerse de los desechos tóxicos e intercambiar información de alerta; también para matar a las células enfermas y limpiar el escenario. Los organismos vivos vegetales y animales son ecosistemas, microbiomas activos y dinámicos con millones de microbios beneficiosos trabajando juntos.

Cuando un organismo enferma es porque se ha producido un desequilibrio debido a uno o varios tóxicos o factores ambientales, entonces las células y el microbioma reaccionan para reparar el daño, pero no son los causantes.

Estos conceptos de *microbioma* y *microbiota* son extremadamente interesantes. Hoy en día todo el mundo puede entenderlos con facilidad gracias a la ciencia de la ecología, no confundir con el ecologismo, que es una ideología, la cual ha popularizado ideas como *ecosistema* o *biodiversidad*. Sería algo parecido, pero dentro de nosotros, es decir, como si usted, querido lector, fuera un planeta repleto de poblaciones de seres microscópicos en equilibrio cuando todo va bien, y con sus problemas cuando algún tóxico del ambiente exterior los altera.

Pero el concepto de *ecosistema* era desconocido en tiempos de Pasteur, se descubrió en los años 50 del siglo XX. Tampoco el de simbiosis tal y como lo conocemos ahora.

Fueron los biólogos Dr. Joshua Lederberg y Dra. Esther Miriam Zimmer, casados, los que describieron en 1958 los dos conceptos. *Microbiota*, que definieron como el conjunto de especies microscópicas que forman ecosistemas de gérmenes y microbios en órganos del cuerpo humano, y *microbioma humano*, que serían los genes de todos ellos. Si yo fuera un lector crítico y descreído, como se debe ser, me preguntaría por qué no he oído hablar jamás en mi vida de Lederberg o Zimmer, y tendría la curiosidad de buscarlos en la gaceta oficial del globalismo, es decir, en Wikipedia, para comprobar que su referencia allí tiene escasas trece líneas. Hablamos del director del Departamento de Genética de la Universidad de Stanford, catedrático de Genética de la Universidad de Wisconsin-Madison, doctorado en Yale, director de los Laboratorios Kennedy de Biología Molecular y premio nobel de Medicina o Fisiología en el año 1958. Un don nadie.

La Dra. en biología Esther M. Zimmer, su mujer, que debió compartir el Nobel con él, era por cierto gran admiradora de nuestro querido Michael Crichton. El único error de ambos fue descubrir la teoría que era verdad; desde entonces, ellos y todos sus seguidores fueron paulatinamente eliminados de los programas académicos de las Universidades de Medicina y Biología de todo el mundo. Se impuso la microbiofobia pasteuriana. ¿Cómo? Simplemente empezaron a darles los grandes premios a los que defendieran la teoría de la infección, relegando a otros, como los mencionados Bernard y Pauling, a un discreto segundo plano.

Damnatio memoriae, lo llamaron los antiguos romanos; consistía en un borrado de la memoria de algún personaje antes ilustre, en condenar su recuerdo derribando sus estatuas y monumentos, quitando su nombre de las crónicas e incluso prohibiendo usar su nombre. Exactamente lo mismo que hizo conmigo Twitter, Facebook, YouTube e Instagram en 2021; en este último caso, a cualquiera que intentara mencionarme le aparecía un texto que decía literalmente: «A Fernando López-Mirones no se le puede citar».

Ello conducía al *abolitio nominis* total y absoluto. Calígula, Nerón, Domiciano, Cómodo, Vitelio, Heliogábalo, Filipo el Árabe y otros muchos sufrieron esta pena. George Orwell, autor que pronto será prohibido, en su novela *1984* lo llamó *vaporización*, que incluía la eliminación física; tal vez lo que les pasó a testigos incómodos como Kary Mullis, Luc Montagnier o el Dr. Frank Plummer.

El caso del microbiólogo Dr. Frank Plummer merece una reflexión. Murió en extrañas circunstancias el 4 de febrero de 2020. En mayo de 2013, unas muestras de virus tomadas en el Hospital Jedda de Arabia Saudí le llegan al Dr. Plummer al Laboratorio Nacional de Microbiología NML en Winnipeg, Canadá. Provenían de un hombre que había muerto el año anterior por una «mutación agresiva del virus SARS». Este laboratorio de Winnipeg colaboraba asiduamente con otro en China, concretamente en Wuhan. Plummer llevaba decenios en primera línea de la lucha contra epidemias en el mundo, desde el VIH hasta el ébola. Durante su época en Kenia, que fue muy dura para él, según contó, empezó a tomar güisqui en exceso y se alcoholizó. Tratando de resolver su problema, tras fracasar varias veces en su intento de dejar la bebida, Plummer habló con unos neurocirujanos del Hospital Sunnybrook, en Toronto, quienes le propusieron un nuevo método experimental llamado *estimulación cerebral profunda*, ECP. La idea era someterse a un ensayo quirúrgico que buscaba probar la efectividad de la ECP para tratar problemas de adicción como el que él tenía. El tratamiento consistió en implantar un dispositivo en el cerebro del paciente que estimulara los circuitos donde hubiera una actividad anormal. Ello lo controla otro artefacto que funciona como un marcapasos, colocado bajo la piel del pecho.

Plummer se convirtió en el primer paciente de ese ensayo clínico. Poco después sintió una mejora significativa y dijo: «La vida se volvió mucho mejor, mucho más rica. De repente, decidí que quería escribir un libro sobre mis experiencias como científico y sobre mi vida en Kenia».

Mala idea, escribir un libro sobre todo lo que sabía del VIH, el ébola y las primeras muestras de SARS que le llegaron a él entre Arabia Saudita y Wuhan. Ese repentino ataque de sinceridad era un peligro para lo que iba a suceder. Él mismo dijo que pensaba decir toda la verdad de lo que sabía. Científicos del Instituto Indio de Tecnología, el Acharya Narendra Dev College y la Universidad de Delhi publicaron al principio de la pandemia un estudio que fue inmediatamente eliminado de las redes diciendo que el virus del COVID-19 es una versión del SARS con inserciones de VIH, justamente aquello en lo que Plummer era especialista.

Poco después, el premio nobel de Medicina o Fisiología el biólogo Luc Montagnier, experto también en VIH, declaró casi lo mismo, y fue sometido a *damnatio memoriae* hasta que falleció el 8 de febrero de 2022, muy oportunamente antes de que pudiera declarar en cualquier juicio acerca de la gran estafa ante la que él se había manifestado claramente en contra, convirtiéndose en un *negalodón*. Parece que los más importantes biólogos negacionistas tienen una mala salud notable.

Otros biólogos sometidos a la *abolitio nominis* desde la pasteurización de la industria médica fueron el nobel Rudolf Wirchow, Linus Pauling, Brewer, Otto Warburg o García Moliner. Sin embargo, Louis Pasteur, Robert Koch y su linaje se hicieron millonarios, porque son propietarios de las patentes de sus ineficaces vacunas desde entonces.

CAPÍTULO 30

EL BOSQUE PASTEURIZADO

«Los médicos tapan sus errores con tierra».
Frank Lloyd Wright

Si extendemos el entendimiento de los ecosistemas de la Tierra a nuestro microbioma, de inmediato conectamos con Béchamp y nos separamos de la pasteurización mental imperante. Para todos es fácil de entender que, si en un parque nacional de pronto introducimos diez manadas de lobos, por ejemplo, se producirá probablemente un desequilibrio enorme que, sin embargo, la propia naturaleza tenderá a reparar por sí misma; pero en el camino de esa solución podríamos decir que ese ecosistema está «enfermo». Sin duda, con el tiempo, muchos de esos lobos sobrantes morirán por plagas, falta de comida, o migrarán hasta que se restablezca el equilibrio que «cure» el paisaje. ¿Son los lobos virus malos que querían destruir ese bosque? Claro que no. Lo mismo ocurriría si hay un incendio; en este caso, el fuego sería ese tóxico del que hablamos. De todos es sabido que muchos bosques se regeneran gracias a los incendios, que eliminan ejemplares de árboles añosos permitiendo a la luz del sol llegar de nuevo hasta el suelo para que muchas semillas germinen renovando el ecosistema. Pues bien, esta visión aplicada al interior de cada uno de nosotros es lo que promulgaron Béchamp y todos los que lo han seguido desde entonces.

La teoría de la infección de Pasteur sería más parecida al concepto que un ingeniero forestal antiguo tendría de un cultivo de árboles; ¿acaso es lo mismo un bosque que un cultivo de árboles? Durante muchos años se pensó que sí, fue un error garrafal. Un bosque es teoría del caos, es entropía e interacción entre miles de especies, desde los hongos del suelo y su red de filamentos hasta el mayor de los árboles, pasando por las bacterias del sustrato, los insectos y, por supuesto, los mismos lobos. A un bosque se le puede ayudar para que recupere el equilibrio ecológico tras el ataque de un «tóxico», pero el exceso de intervencionismo que limite la biodiversidad vegetal calificando a unas especies como malas y a otras como buenas, o el pretender que estén todos los ejemplares en filas paralelas, y que sean de la misma especie, o que se elimine el sotobosque o las malas hierbas, es crear un cultivo; está muy bien tener cultivos, pero no hay que confundirlos con un bosque auténtico. Los cultivos son un desequilibrio creado por el hombre, que tiende a *forestalizarse*, a volver a su estado natural; por lo tanto, debe ser intervenido cada año muchas veces para que siga siendo un cultivo y no regrese a su estado natural forestal. Pues bien, esta analogía es pertinente porque eso es lo que propone la industria médica con nuestro microbioma. Entonces la naturaleza deja de ser el modelo a seguir, la perfección, y pasa a constituir algo de lo que el ser humano debe protegerse por métodos artificiales.

Desde Pasteur, eso es lo que pretende la industria médica y farmacéutica, que nuestros organismos pasen de ser bosques a ser cultivos, en los cuales hay que introducir constantemente sustancias químicas para supuestamente reparar los ataques del exterior que serían esos virus ficticios. Al principio eran los mismos, pero desde que separaron al biólogo del médico, ninguno de los dos tiene un punto de vista holístico, general, de lo que está pasando en nuestros bosques internos. Los biólogos desarrollan los medicamentos, mientras los médicos los aplican, pero casi nunca se comunican, solo reciben reportes mediados por la industria, que, convenientemente, elimina los que no favorecen las ventas y hacen llegar a los galenos exclusivamente los que apoyan el abuso de fármacos que les conviene, y se los muestran en congresos de lujo a los que son invitados.

Por tanto, su hermano médico que le dijo que se vacunase, en realidad, lo cree, pero no sabe ni tiene por qué saber ni cómo se hizo esa vacuna, ni cuáles son sus efectos adversos, ni siquiera si funciona mejor o peor, simplemente las autoridades sanitarias y los protocolos de su hospital dicen: «Hay que vacunar», y punto. El inferir que alguien que está tratando directamente con enfermos sabe más que quien está en un laboratorio es un error típico del Sistema 1 de Kahneman. Simplemente, lo creemos porque a lo largo de nuestras vidas tenemos cientos, miles de encuentros con médicos, pero la mayoría de la gente nunca ha visto a ningún biólogo salvo en la televisión dentro de un documental persiguiendo ballenas. Por eso nuestra mente deduce que, a menos que te ataque una ballena, el biólogo no sirve para casi nada, mientras el médico te ha sacado de un montón de problemas... Y te ha creado otros.

La iatrogenia es la tercera causa de muerte en los Estados Unidos. La definición de *iatrogenia* que nos da el Dr. Enric Costa Verger, en su libro *Iatrogenia, la medicina de la Bestia*, reza que es la enfermedad producida por la acción del médico o los medicamentos que este recomienda. Se supone que, sin querer, pero yo añadiría que, en realidad, es sin querer saberlo. Lo cierto es que, tras casi dos siglos de medicación excesiva, cada vez hay más enfermedades de las llamadas *raras*, autoinmunes, y más esterilidad en los jóvenes. Podría decirse que es a causa de una mejora en los diagnósticos, que ahora se detectan antes y con más precisión patologías que antes pasaban inadvertidas, pero los números no encajan en esto. Tampoco es un argumento que la esperanza de vida media haya aumentado, lo cual habría que estudiarlo detenidamente, pues la mayoría de las veces se obvia que son las mejoras en la alimentación, la calidad del agua y los sistemas de evacuación de detritus los que en realidad han obrado ese efecto. Por tanto, me atrevería a decir que en eso les debemos mucho más a los ingenieros que a los médicos. También es importante, como ya dije antes, que no se confunda *medicina* con *cirugía*, lo cual en la mente de las personas es lo mismo. A mi modo de ver, la cirugía sí que ha avanzado de forma geométrica. Los prodigios que los cirujanos son capaces de hacer en el siglo XXI sí que salvan millones de vidas al año. No deja de ser fontanería, cableado y mecánica avanzada. Un cirujano especializado, como casi todos, conoce a la perfección la pequeña parte del organismo humano o animal que suele trabajar, no le pidas que opine de otra cosa, pero lo suyo lo domina como nadie. Un médico es otra cosa, pero no por su culpa, sino porque en la facultad lo pasteurizaron y, en su trabajo, lo protocolizaron, ambas cosas con su consentimiento desinformado.

La iatrogénesis industrial generalizada empezó en los años 50 del siglo pasado, nos dice el Dr. Costa en su libro, e introdujo sustancias de origen industrial extrañas a nuestra biología de forma masiva en la población mundial, sobre todo la occidental.

CAPÍTULO 31

UNA HISTORIA DE LA LECHE

> *«Los leones y los antílopes son miembros de la clase Mamíferos, a la cual nosotros también pertenecemos. ¿No deberíamos, entonces, esperar que los leones se abstuviesen de matar a los antílopes "por el bien de los mamíferos"?».*
>
> Richard Dawkins

Pero esta idea es muy conveniente para el negocio de vender ungüentos e inyecciones.

Después llegaron el economista Thomas Malthus y otro falso héroe de la ciencia, Charles Darwin, para unir sus ideas belicistas al concepto moderno de *biología* y al de *medicina* en clave de guerra de microbios. Todas estas concepciones creadas hace dos siglos no encajan en absoluto con los descubrimientos posteriores como el gen *Arc* que he contado antes, ni con la evidencia indiscutible de que estamos formados por genes de virus y bacterias incorporados a nuestra esencia vital.

Fue el biólogo Joshua Lederberg quien describió por primera vez el concepto de *microbioma,* avanzado el año 2001. Ahora sabemos que el feto al transitar por el útero en su camino hacia el exterior es sembrado literalmente de los microbios benéficos de su madre, que colonizarán su sistema digestivo para ayudarlo el resto de su vida, y que los bebés que nacieron por cesárea pueden tener muchos problemas posteriores al no haber hecho ese viaje por el microcosmos fertilizador de vida que pasa de madre a hijo, desde hace millones de años.

La obsesión por esterilizar, inmunizar artificialmente y concebir la vida humana como si fuéramos una fortaleza que la naturaleza se empeña en destruir es tan infantil, anticientífica y antiintuitiva que, si todos los médicos del mundo fueran capaces de pararse un momento a superar lo que les inculcaron en la facultad, verían que carece de sentido.

Incluso la enfermera más famosa de la historia, la británica Florence Nightingale, diecisiete años antes de que Pasteur adoptara y reclamara como suya la teoría del contagio, escribió sobre la infección desde su abrumadora experiencia, diciendo: «Las enfermedades no son individuos organizados en clases como los gatos y los perros, sino en condiciones sucias o limpias en las que nos hemos colocado nosotros mismos».

Describió cómo ella había visto con sus propios ojos y había olido con su propia nariz la viruela creciendo, desde el principio, en habitaciones cerradas donde «no pudo ser contagiada». «He visto que las enfermedades comienzan, crecen y se convierten unas en otras, pero nunca que los perros se conviertan en gatos», añade.

Y continúa, tajante: «La verdadera enfermería ignora la infección excepto para prevenirla. La limpieza y el aire fresco de las ventanas abiertas, con la atención incesante al paciente, son la única defensa que una enfermera necesita. La específica doctrina de la enfermedad es el gran refugio de las mentes débiles, incultas, inestables, tal como gobierna ahora en la profesión médica. No hay enfermedades específicas, hay condiciones específicas». En ninguna universidad de enfermería se citan estas frases de su mayor referente histórico.

Louis Pasteur fue un aristócrata, político, presidente del Ministerio de Salud Pública del Imperio de Francia, amigo personal del emperador Maximiliano III y de la emperatriz Eugenia de Montijo; con una pensión vitalicia de veinticinco mil francos, héroe nacional... Pero no era biólogo, ni científico, ni siquiera médico; eso sí, fue un genio para los negocios.

El debate académico entre los científicos de principios del siglo XX fue descomunal, pero ha sido borrado de la historia de la ciencia biomédica. En Europa, la mayoría de los biólogos se opusieron a la nueva teoría de la infección de Pasteur. Incluso casi todos los médicos anteriores a la Segunda Guerra Mundial pensaban que los microbios eran beneficiosos porque vivían en simbiosis con nosotros, que no causaban enfermedades peligrosas. Pasados solo diez años después de formulada la teoría de Pasteur, el progreso técnico de los microscopios y de las técnicas de cultivo de microbios fue enorme, hasta el punto de que casi cualquiera era capaz de ver que esos microorganismos estaban presentes también en los tejidos de personas sanas, por tanto, no creaban enfermedades, simplemente estaban allí cumpliendo alguna función. Cuando decenas de biólogos quisieron denunciar que la teoría de Pasteur era un tremendo bulo científico, fueron ninguneados hasta el día de hoy, el lector puede comprobarlo buscando los nombres que le ofrezco.

Sus colegas coetáneos lo reconocieron como un impostor arrogante, pero nunca se atrevieron a denunciarlo porque era enormemente influyente. Sus trabajos convirtieron la leche en un producto acuoso innecesario que medio planeta ingiere desde entonces convirtiéndonos en el único mamífero que deglute de adulto el líquido glandular de la hembra de otra especie.

Henry Nestlé inventó la leche en polvo para bebés en 1860, se fabricaba a partir de leche de vaca deshidratada y cereales, ¡cereales a recién nacidos! La excusa de venta era que las mujeres, que se incorporaban al mercado de trabajo por primera vez en esos tiempos, no tuvieran que faltar al trabajo para dar de mamar a sus bebés. Tras la Segunda Guerra Mundial, comenzó una campaña de publicidad agresiva a nivel mundial con el apoyo de miles de médicos y enfermeras que recibieron prebendas de la industria que la fabricaba. En cada maternidad, en cada parto, los solícitos sanitarios convencían a las nuevas mamás de que esta leche era mejor que la de sus glándulas mamarias, que era lo último de la ciencia, y que el biberón era un invento moderno que favorecía la liberación de la mujer y la igualdad.

Todo ello era falso, el único interés era económico. Los estudios posteriores demostraron que no solo era una barbaridad dar cereales a un recién nacido, sino que la leche materna está tan adaptada al bebé que evoluciona a lo largo del día, es diferente en cada toma, es un producto biológico vivo, fruto de la interacción de la madre y el niño, que no es igual, que se adapta a las necesidades de ambos, además de crear un vínculo insustituible que los marca de por vida, y de transmitir anticuerpos, bacterias beneficiosas, hormonas y toda una serie de sustancias biológicas que jamás podrán estar en un bote de leche en polvo industrial. Además, fluye a la temperatura y viscosidad necesarias a la demanda del lactante y en perfectas condiciones higiénicas. Una vez más, vemos que se trata de dar la espalda a nuestra biología para creer que podemos sustituirla por química. Es el mismo empeño que ahora, quieren vendernos algo pagando lo que ya tenemos gratis y además mejor. Venden la idea de que lo más moderno supera a la naturaleza, y lo venden comprando a los medios y a los sanitarios. *Leche maternizada*, *leche humanizada*, lo llamaban; como siempre, la falacia de las palabras. En 2022, nos quieren vender la inmunidad artificial cuando ya tenemos la inmunidad natural, que es mucho mejor, gratis y sin efectos adversos. Todos aquellos bebés que se criaron con la leche en polvo quedaron marcados de por vida, pero la cosa no acabó ahí.

Corrían los años 70 del siglo XX cuando los fabricantes decidieron ampliar el mercado promocionándola en países en desarrollo. Hay que decir que poca gente es más influenciable por un médico que una madre primeriza que está *per se* llena de dudas, incertidumbres y miedos, a la cual, si se le dice casi cualquier cosa con tono de convicción y bata blanca, la acepta sin mirar más. En África, Asia e Hispanoamérica empezaron a aumentar los casos de malnutrición de bebés de forma alarmante justo entre los que estaban siendo alimentados con leche en polvo. Se vio que podía ser debido a que esa leche se preparaba con agua contaminada, o que los biberones podían estar sucios. Empezaron a entrar en los hospitales bebés lactantes deshidratados y enfermos, a los que había que poner sondas con suero en sus cabezas porque sus bracitos eran demasiado pequeños, muchos murieron. Empezaron a presentarse denuncias de mercadeo irresponsable, de convenios con los hospitales, ¿les suena?, donde enfermeras entrenadas y médicos recomendaban la leche «humanizada». Cualquier madre sabe que el inicio del proceso de lactancia exige algo de paciencia, porque es normal que el bebé al principio no acierte a hacerse con el pecho, o se muestre desganado; se sabe que el proceso es mutuo, a la madre le bajará la leche cuando el bebé la estimule, y al bebé le apetecerá más cuando compruebe que de allí sale algo rico. Pero esas horas de incertidumbre son insoportables para las madres, que su recién nacido no coma es una tragedia para ellas; si entonces aparece una solícita enfermera con un biberón caliente preparado, se lo mete en la boca al muchacho y este traga, la madre cree que le han solucionado un problema, cuando lo que han hecho en realidad es crearle uno mucho mayor. Igual que con la anestesia epidural, la coacción médica en momentos de miedo siempre funciona. La opción rápida es elegida.

Pero, en 1973, activistas británicos de la organización War on Want encargaron al periodista de investigación Mike Muller que indagara sus sospechas de que había algo oscuro en todo esto. Averiguó que los directivos de estas empresas conocían perfectamente todos los problemas que estaban ocurriendo con las personas más vulnerables del mundo. El documento redactado por el periodista fue titulado por la ONG como *El Asesino de bebés* y activó de inmediato a otras organizaciones a tomar cartas en el asunto. El gigante suizo se querelló por difamación arguyendo que ellos no podían responsabilizarse de las condiciones higiénicas o la falta de educación de esas madres del tercer mundo. En Estados Unidos y en Europa, se inició un fuerte boicot a Nestlé hasta que la OMS decidió intervenir, como siempre, tras años de permitir las cosas, y cuando no le quedó más remedio, declaró que había que promover la lactancia natural. En 1984, la empresa suiza prometió seguir esas recomendaciones.

¿Ha echado usted la cuenta? ¡Habían pasado ciento veinticuatro años! ¿Cuántos bebés murieron en ese tiempo porque a sus madres las convencieron los sanitarios de que la leche de sus pechos era peor que la artificial? ¿Cuántos quedaron con secuelas y tuvieron enfermedades durante el resto de sus días por haber tomado algo tan antinatural como cereales nada más nacer?, ¿a alguien le extraña que haya tantos celíacos, intolerantes a sustancias varias y problemas de todo tipo?, ¿cree usted que algo ha cambiado?

La medicalización de los procesos biológicos naturales ya resueltos por la evolución en el ser humano es una de las constantes de la industria médica desde Pasteur. El hecho de parir en hospitales ya condiciona a las madres, que están acudiendo a un lavado de cerebro en las consultas médicas desde que se quedan embarazadas. A cada duda natural que tienen, el médico le da una solución química en lugar de reservar esas medicaciones solo para los casos patológicos, los que lo necesiten de verdad. De nuevo vemos que se trata de medicar a gente sana sin ninguna patología, de convencerlos de que les pasa algo malo, de desligarlos de la biología. Las intervenciones salvan vidas cuando hay un problema concreto, por eso se pare en un hospital, por si acaso, no porque tener un hijo sea un proceso patológico en el que haya que estar anestesiado, un bebé no es un tumor. Sin embargo, la alegría de ver a sus bebés hace olvidar todo a los padres, que cuando su hija sea celíaca o diabética, o tenga problemas a los quince o dieciséis años, jamás lo relacionarán con que nació por cesárea porque era viernes y el médico se iba de puente, o porque le dieron biberón para que no se le estropearan los pechos a mamá. Varias organizaciones han llamado la atención a las autoridades sanitarias de Gobiernos como el de España porque al realizar estudios se vio un aumento claro de las cesáreas innecesarias justo los viernes. Parece ser que demasiados ginecólogos, cuando alguna de sus pacientes estaba a punto de parir, precipitaban el desenlace de forma interesada para que no les llamaran durante el fin de semana.

No voy a hacer amigas escribiendo esto, pero es la verdad, y la gente debe saber que en condiciones no patológicas el cuerpo humano está perfectamente preparado por la biología para resolver todos los procesos normales que implican vivir. El momento del parto en los mamíferos es el culmen de la evolución animal; una docena de hormonas, así como una batería fascinante de adaptaciones de todo tipo aún no bien conocidas, se dan en ese instante vital para la especie que ha sido perfeccionado durante millones de años por los genes. Nada de lo que ocurre en un parto no patológico pasa sin un buen motivo, igual que la leche materna es un prodigio que ninguna empresa jamás podrá ni siquiera soñar imitar.

El debate científico de Pasteur con Béchamp duró unos setenta años, fue lo suficientemente importante como para que todos los médicos actuales del mundo al menos lo conocieran; pero fue eliminado junto con la asignatura de Historia de la Medicina para evitar que alguno se cuestionara el dogma del pasteurismo. No interesa que ningún joven estudiante de Medicina o de Biología decida, de pronto, repasar lo ocurrido y se ponga a contar genes como el biólogo indonesio llamado

Joe Hin Tjio al que conocimos en las primeras páginas de este libro. La culminación de este fraude científico fue la pandemia de COVID-19, durante la cual se pretendió convencer a la humanidad de que el sistema inmunológico natural no existe y de que el de bote es mejor.

A aquellos que hayan estudiado la versión oficial de los hechos que se enseñan en las universidades desde hace años, o que acudan a Wikipedia para buscarla, es preciso decirles que los datos actuales certifican que esos supuestos avances que van a leer ahí no son ciertos por sesgados; las recomendaciones de Pasteur con la rabia, por ejemplo, hicieron que la hidrofobia aumentara tras aplicar su tratamiento; su inoculación antiántrax provocó subida de la incidencia de neumonías, fiebres catarrales y otras patologías en el ganado; sus supuestos remedios para el vino y la cerveza de Francia tuvieron que ser suspendidos porque eran un desastre; destruyó la industria de la seda en Francia al tratar a los gusanos de forma errónea; se equivocó en sus teorías de la fermentación y, por supuesto, en su absurda defensa de la llamada *generación espontánea*. Hoy hubiera sido un excelente ministro de Sanidad en cualquier país de Europa, o quizá un gran presidente de la OMS, da el perfil.

Eso sí, un día de otoño de 1895, todo París se paró cuando el presidente de la República francesa, los miembros del Parlamento, funcionarios, ilustres miembros de los Colegios de Médicos y sociedades científicas, comerciantes de medicamentos y populacho en general le rindieron honores en el gran funeral de Estado, pagado por el erario público, al gran prócer, el químico Louis Pasteur, cuyo único y portentoso talento fue venderse a sí mismo con una eficiencia pocas veces vista en la historia de la humanidad.

CAPÍTULO 32

EL TRIUNFO DE LOS MEDIOCRES

«La mayoría de los hombres llevan vidas
de tranquila desesperación».
Henry David Thoreau

El caso histórico de Béchamp y Pasteur ha ocurrido millones de veces en la historia, constituyendo un ejemplo claro de lo que la mezcla entre los genes y las culturas puede crear en las sociedades humanas. Si un sistema sociopolítico facilita el ascenso al éxito, no de los más inteligentes, sino de los que mejor mienten, disimulan y saben arrimarse al árbol que más cobija, se da una suerte de selección social inversa hacia valores éticos aberrantes. Se hace triunfar a los genes equivocados.

Si en los partidos políticos, en las empresas, entre los científicos, entre los médicos y en la sociedad en general ascienden los que aprenden a callarse, obedecer y evitar conflictos originados por buscar la verdad y la justicia, mientras los individuos capaces de sacrificarse en pos de luchas justas solo consiguen ralentizar sus carreras o perderlas, en dos siglos toda la comunidad científica se compondrá de mediocres colaboracionistas de actitud egoísta. ¿Ha ocurrido eso? ¿Ha habido un proceso de ingeniería social para que en lugar de seguir a líderes sabios con experiencia y capacidad de crítica constructiva sigamos a individuos ambiciosos demasiado jóvenes que invierten más esfuerzo en parecer buenos que en serlo?

Desde 2009 a 2012, acometí el proyecto *El Mono Egoísta: la Tribu de la Corbata,* que consistió en tres películas documentales de 56 a 70 minutos, cada una sobre el primate humano desde el punto de vista de los últimos descubrimientos científicos, pero partiendo de las premisas de dos grandes zoólogos. Por un lado, el británico Desmond John Morris con su obra *El Mono desnudo*, y por otro, el biólogo evolutivo Clinton Richard Dawkins, nacido en Nairobi, con su obra magistral *El gen egoísta*.

Resulta obvio que el nombre de la que acabó siendo una sola película proviene de una hibridación de ambas obras.

Me fascinaba el comportamiento humano en las ciudades, por eso quise salir de safari a filmar *Homo sapiens* en su ecosistema natural con la misma actitud con la que lo había hecho muchas veces con otras especies. Entonces me di cuenta de que éramos primates, con genes de primates, costumbres de primates, culturas de primates..., pero viviendo como insectos; lo cual nos causaba una evidente disonancia evolutiva fruto de la cual no éramos felices como sociedad.

Es como si el mono que llevamos dentro peleara por salir constantemente, por reivindicar sus genes en unas sociedades en las cuales se le exigía actuar como un organismo colectivo más similar a un hormiguero o una colmena. Empecé a ver por la calle a chimpancés y gorilas con corbata, faldas y bolsos de Vuitton, que se duchaban por quitarse sus hormonas corporales vergonzosas para, acto seguido, rociarse de productos obtenidos de las glándulas anales de un castor, porque con ellas se fabrican los mejores perfumes.

El zoólogo premio nobel de Medicina o Fisiología Konrad Lorenz escribió que la civilización humana fomenta cada vez más a los que él llamaba los *tipos degenerativos*. ¿Es posible que la Tribu de la Corbata esté favoreciendo el fracaso de los mejores frente a los mediocres? Hay científicos que así lo aseguran. Existe una corriente imperante que intenta destruir a todo el que destaca. Cuando en el mundo aparece un verdadero genio, puede reconocérsele por una cosa: todos los mediocres se conjuran contra él.

El médico y catedrático de psiquiatría español Prof. Dr. José Luis González de Rivera y Revuelta, que lleva años estudiando este fenómeno, lo ha descrito como el MIA (trastorno de mediocridad inoperante activa); gente cuyo objetivo es aniquilar el avance de cualquier persona brillante. Si es verdad que esto está ocurriendo, todo cobra sentido. La Tribu de la Corbata ha invertido el orden cambiando la selección natural que premiaba a los más preparados por la selección social, que da el poder a los peores. Estamos fuera de control como especie.

Según sus estudios, la presión por la excelencia o tensión interna que fuerza a la superación es un rasgo propio de la condición humana que debe actualizarse constantemente mediante la creatividad; pero cuando esta presión por la excelencia supera a ciertos individuos, pueden aparecer patologías de tipo neurótico, psicótico o adictivo.

Al otro lado está lo peor, los individuos que inhiben la presión por la excelencia, básicamente porque notan que no la alcanzan, pueden llegar a lo que él denomina *trastornos de mediocridad*. El tipo 1 es asintomático, se caracteriza por la hiperadaptación y la falta de originalidad, una clase de persona muy abundante que accede a inocularse porque todos los hacen.

Pero, ojo con los otros dos tipos, el 2, al que Rivera llama *forma inoperante* o *pseudocreativa*, porque sería el caso de Pasteur y el de muchos a los que la pandemia de 2020 sacó a la luz alrededor de todos nosotros entre nuestros familiares, amigos y compañeros de trabajo. Estos añaden rasgos pasivo-agresivos y tendencias miméticas. Pero describe un tipo 3, que es el más peligroso, el auténtico MIA, la forma maligna con exacerbación de las tendencias repetitivas e imitativas, exagerada apropiación de los signos externos de creatividad y excelencia, ansia de notoriedad, pero sobre todo envidia intensa hacia la excelencia ajena, la cual intenta destruir a toda costa desplegando una intensa dedicación a conseguirlo.

Digamos que son capaces de apreciar e incluso admirar en secreto el talento en otros, pero, al darse cuenta de que ellos no lo poseen, tratan de boicotear al excelente para que no sirva de grupo contraste frente a su mediocridad. Son los que en redes se llamarían *haters*, los odiadores. En cualquier empresa, colegio, instituto, universidad, hospital, centro de salud o colectivo humano puede observarse cómo trabajan de forma incansable para aplastar a los genios cotidianos, acusarlos de *frikis* e inadaptados, burlarse de ellos, difamarlos para volver en contra a los tipos 1 y 2 que por hiperadaptación permanecerán en silencio por si les perjudica; los *noquierolíos* que forman el grueso de la población.

Estos «mediocres simples» se adaptan bien, son buenos consumidores y con un poco de entrenamiento con los años pueden mimetizar conductas creativas por imitación, incluso de índole científica y artística. Al no distinguir en realidad lo bello de lo feo, ni lo bueno de lo malo, el mediocre inoperante no siente animadversión excesiva por otros. Siempre puede fijarse en el precio de las cosas para deducir que deben ser buenas si son caras; copia, se aprende argumentos ajenos y los recita para que parezcan suyos.

Pero es el tipo 3 de Rivera el más preocupante. Los que padecen mediocridad inoperante activa, MIA, creen que no son brillantes, por eso renuncian a intentarlo y se concentran en parecerlo, llegando a ser francamente exitosos en imitar cómo se debe hablar y actuar para que los demás crean que son extraordinarios. Por eso tener a alguien genial a su lado los perjudica, el testigo podría darse cuenta de la diferencia.

Mis hermanas me contaban cuando eran adolescentes que había amigas suyas que se creaban deliberadamente una pandilla de amigas menos agraciadas físicamente, para parecer más guapas y aumentar su éxito con los chicos. El brillante, sin embargo, tiende a rodearse de personas mejores que él para aprender y superarse.

Insisto en explicar los interesantes trabajos de Rivera porque a mi modo de ver definen perfectamente el prototipo de persona al que hemos llamado *creyente covidiano*, ese que recita seis veces al día «Yo sigo a la ciencia, la evidencia científica», «Lo dicen los expertos, el consenso científico», y frases similares que lo llenan de orgullo y satisfacción por darle un aura de inteligencia, de científico, sin haber dedicado en su vida ni diez minutos a analizar de forma crítica nada que oyera en un telediario.

Pero, recuerde, es agresivo con los que sí recapacitan; los persigue, dedica mucha energía a destruirlos...; ese es el que ataca despiadadamente a los que no quisieron participar en el experimento génico llamado «vacunación contra la COVID-19», y ese gusta de usar los términos *negacionista*, *terraplanista*, *antivacunas*... A estos individuos yo los llamo los *vacuñaos*. Para los lectores de otros países, debo aclarar que en España se llama *cuñao* a esa persona que, sin un especial conocimiento de nada, va de enterado sobre cualquier tema, y que siempre conoce lo mejor de lo mejor en cualquier discusión: el camino más corto, el coche más potente, el mejor vino y la receta más exquisita...

Los MIA en ambientes académicos, muy propensos a este tipo de síndrome, adoptan poses de maestro sin tener ningún mérito para ello. Los MIA se juntan en pequeñas conspiraciones porque tienen enemigos comunes, los que destacan, los más creativos; los detectan antes que nadie y dedican un gran esfuerzo diario a destruir su prestigio, su fama y su carrera, no parando hasta que lo consiguen.

Los MIA en puestos burocráticos poseen una interesante característica: generan una enorme cantidad de trabajos innecesarios, papeleos que solo ellos controlan y que a los brillantes los exasperan. Haciendo ruido y protocolos absurdos se rodean de su propio ecosistema que entorpece a los que en realidad quieren hacer cosas efectivas. Aman las regulaciones, las reuniones que no llegan a nada, las normas… ¿Le suena esta actitud?

El propósito de los MIA es sacar de sus casillas a los creativos brillantes, tenderles trampas protocolarias que detienen su avance, a ver si con un poco de suerte pierden los nervios y cometen el error de saltarse alguna norma dándoles una excusa para acusarlos de desacato para poder denunciarlos ante los jefes.

Ellos sufren enormemente ante el bien y el progreso ajenos. Desarrollan sofisticados sistemas de persecución al brillante, buscando sin cesar algo de lo que acusarlo. Jamás reconocerán en público ningún acierto de sus odiados, y, si lo hacen, lo achacarán a la suerte o a los contactos, añadiendo algo como que es conflictivo, que trae problemas o que actúa raro. Debe asustar a los tipos 1 y 2, que son muy cobardes si creen que puede peligrar su trabajo, su estatus o su bien ganado puesto social. Aunque crean que el MIA es injusto con el brillante, nunca suelen hacer nada para no ponerse ellos en peligro.

CAPÍTULO 33

TRAS LAS HUELLAS DEL UNICORNIO

«Un virus es un trozo de ácido nucleico
rodeado de malas noticias»,
Peter Brian Medawar.

Llegado a este punto, el lector estará pensando que, si la teoría de la infección de Pasteur no es la correcta, ¿cuál es la que explica qué son los virus? La solución, una vez más, se encuentra en las palabras, en lo que llamamos *virus* y en cómo se creó su definición a partir de un concepto de *veneno* o *tóxico*. La pregunta formulada desde la simplicidad es engañosa: ¿existen los virus?

Podríamos formular otro paralelismo para entenderlo. Si nos preguntaran: ¿existen los dragones y los unicornios? Tanto decir que sí como decir que no serían respuestas inexactas. Si quien debe contestar a esa cuestión tiene en su cabeza la imagen clásica transmitida por las tradiciones ancestrales de los dragones como enormes criaturas que echan fuego por sus bocas mientras vuelan, y a su vez la de los unicornios como réplicas exactas de caballos blancos con un cuerno en la frente y dotados de capacidades mágicas, la respuesta sería que no existen.

Pero alguien podría sostener que sí con tan solo investigar un poco, porque leería que en una lejana isla en Indonesia viven los «dragones de Komodo», llamados *Varanus komodoensis,* que son saurópsidos de la familia de los varánidos con el título del mayor lagarto del mundo, descubiertos por la «ciencia» en 1910. En cuanto al fuego de su boca, también podría sostener que Walter Auffenberg, zoólogo de la Universidad de Florida, describió que, en las fauces de estos varanos gigantes carnívoros, viven grandes cantidades de bacterias sépticas que resultan letales cuando otro animal es mordido, porque actúan como un veneno eficaz que hace «arder» y morir a la víctima por una infección súbita. Por tanto, desde este punto de vista los dragones sí existen.

Con respecto a los unicornios, en 2001 escribí el guion de un documental titulado *On the Tracks of the Unicorns* («Tras las huellas del unicornio») de la serie *Lost Words,* donde se muestra al desconocido rinoceronte de Java, *Rhinoceros sondaicus,* que durante siglos fue considerado como el auténtico unicornio, y cuyo apéndice facial aún hoy en día vale su peso en oro por la creencia de que el polvo sacado de ese falso cuerno tiene propiedades afrodisíacas.

Por otro lado, en ciertas zonas de África abundan los antílopes como el sable negro, *Hippotragus niger,* y sobre todo los óryx u órices, con unos cuernos rectos que a veces superan los noventa centímetros. Ambos tienen un aspecto equino importante; de hecho, el nombre *Hippotragus* significa «caballo cabra». No es infrecuente que muchos de estos ejemplares pierdan uno de sus cuernos en una lucha, quedándoles el otro. Créanme que un sable o un órice con una sola defensa es literalmente un unicornio.

Por tanto, es sostenible con arreglo a la ciencia de la zoología afirmar que los dragones y los unicornios existen.

Una discusión entre dos personas al respecto podría durar horas, porque ambos tendrían razón y estarían equivocados simultáneamente.

A esto me refiero cuando recalco la enorme importancia de definir primero el objeto de un debate antes de enrocarse en lo que al final solamente es una cuestión de que los contendientes hablan de cosas distintas. Cuando, además, el objeto de la disputa es un ente invisible que provoca miedo y que ni los mismos biólogos saben definir porque no se ponen de acuerdo, ni siquiera, en si es un ser vivo o no lo es, puede pasar lo que ha ocurrido en la humanidad a partir de 2020, y es que la palabra más pronunciada, *virus*, muy poca gente es capaz de entenderla.

Para empezar, ponerle a una entidad biológica desconocida por completo un nombre que significa en griego «veneno» ya parece un poco sesgado. El autor fue un microbiólogo holandés muy peculiar, siempre enfadado y asocial, que adoraba a sus alumnos, pero, sin embargo, los escandalizaba constantemente con sus palabras hasta el punto de humillarlos. Martinus Willem Beijerinck fue coetáneo de Pasteur y Koch, pero no es tan célebre porque trabajó con el primer virus descubierto, el del mosaico del tabaco, que al afectar solo a plantas le dio menos nombre.

Algunos atribuyen el uso de esa palabra al biólogo ruso Dimitri Ivanovski, en 1892. Este primer virus fue descrito tan tarde como 1930; me parece importante que no perdamos la perspectiva de que todo esto ocurrió hace apenas noventa años, que no es nada en ciencia; a pesar de que tengamos la engreída percepción de que lo sabemos todo de los virus y el ARN, la microbiología está en mantillas; solo los enormes intereses que hay detrás y la propaganda tratan de que la gente crea que somos los nuevos dioses capaces de inyectar ARN sintético en los niños y que todo está controlado.

En realidad, fue un «descubrimiento» bastante ridículo, simplemente filtraron hojas de tabaco en unos artefactos de cerámica que, suponían, retenían a las bacterias más grandes, y a esas cosas que pasaban el filtro tenían que llamarlas de alguna forma, dedujeron que eran las culpables de la enfermedad del mosaico del tabaco, y las llamaron *virus*. Le doy mi palabra de honor de que así fue; aunque la historia oficial de la ciencia se esfuerce por contar esta ocurrencia absurda de forma complicada deliberadamente para que el lector quede aturdido por infinidad de nombres y claudique creyendo. Que, desde entonces, esto, a pesar de los cientos de biólogos serios que han demostrado que fue una estupidez, la medicina colaboracionista no lo haya cuestionado es cuando menos sorprendente. Todo lo que pase el filtro es virus y crea enfermedades, caso cerrado.

Conocer la historia de los descubrimientos, así como los enormes errores que cometieron muchos de estos biólogos y médicos, que eran tan humanos como cualquiera, y que estaban influenciados por la búsqueda del éxito y el dinero para sus familias, como todo hijo de vecino, nos da una idea de humildad alejándonos de la fe ciega en el cientifismo que está dominando a la sociedad en el siglo XXI. El ciudadano medio, abrumado porque cree no entender nada, ni siquiera se molesta en buscarlo, o en leernos a los que se lo ofrecemos explicado, y toma la opción de los tipos 1 y 2 de Rivera, aceptando lo que la mayoría diga.

Pero esa mayoría tampoco se ha documentado, y los que menos, los médicos convencionales, que son técnicos con un trabajo muy difícil y mal pagado que no tienen literalmente tiempo para cuestionarse nada, sobre todo si se lo dan todo en protocolos obligatorios las autoridades sanitarias, que a su vez están financiadas por los fabricantes de medicamentos. Ese argumento tan común de que no es posible que tantos cientos de miles de médicos y biólogos estén equivocados es falaz, lo estuvieron siempre en la historia porque siguieron la corriente imperante en cada momento, que llegó a recomendar que fumar era bueno, que los opiáceos curaban o que la misma cocaína era beneficiosa consumida como bebida refrescante.

Y aquí viene la gran sinécdoque de confundir a una enfermedad con un virus concreto, culpando a los bomberos de los incendios porque siempre están ahí, o a los policías de los delitos porque aparecen en las escenas de los crímenes. Estos símiles tan infantiles créanme que no difieren ni un ápice de lo que la gente normal piensa de los virus.

Hemos visto que los descubrimientos de los virus se produjeron en una época de medios enormemente precarios, con microscopios que hoy serían juguetes de niños, con unos biólogos que daban palos de ciego, y, sin embargo, todos esos criterios se mantienen sorprendentemente en el siglo XXI, cuando infinidad de estudios demuestran que eran erróneos, cuando hay microscopios mucho mejores, cuando las técnicas de laboratorio han avanzado de forma cuántica. Nos quieren hacer creer que los «héroes» como Pasteur o Koch estaban en lo cierto por una sola razón, ver a los virus como agentes patógenos agresivos que vienen de fuera de nuestro organismo y que crean enfermedades favorece el florecimiento de la industria farmacéutica; el mito del contagio es muy creíble por sencillo: «A mí me contagió mi primo, a él se lo pegaron en la oficina…». Todo el mundo teje una red de contagios imaginarios coherente que lo explica todo; lástima que no sea así, como bien supo ver la enfermera Nightingale, o cualquier madre observadora, o los miles de religiosas sanitarias que llevan siglos cuidando enfermos en los más infectos lugares del mundo sin contagiarse… Algo no cuadra.

Por aquellos tiempos que narramos, se empezaron a crear las exposiciones y congresos mundiales de biología y medicina patrocinados —¿adivinen por quién?— que consagraban, dándoles premios, a los pasteurizados y sumían en el ostracismo a los Béchamps del mundo científico; muy rápido, el capital se dio cuenta de lo enormemente rentable que es patrocinar la ciencia si esta va por el camino que le interesa. Se ha transmitido la idea lloriqueante de que no se da dinero a la ciencia, de que la investigación es muy cara, de que los pobres científicos son seres de luz trabajando por nada. Quizá la ciencia libre, la de verdad, sí que sea costosa, porque debe investigar en la incertidumbre de que por cien estudios que no podrán explotarse surgirá uno que sí; sin embargo, la pseudociencia que han creado los intereses comerciales es enormemente rentable porque toma en exclusiva los caminos que conducen a productos de coste limitado y ventas multimillonarias. Cualquier otra opción es abandonada, solo tomarán los desarrollos de medicamentos que cronifiquen a los pacientes convirtiéndolos en clientes vitalicios, curar no es rentable.

Que un paciente tras un tratamiento no vuelva a recaer es una ruina, inventaron la obsolescencia programada en la salud humana, la pastilla que te quita los síntomas, pero en realidad te enferma más. Y desde luego, se buscan los pacientes-clientes de países ricos, los que puedan permitirse pagar; los del tercer mundo son cobayas; quien no tiene para comer, no es un buen cliente potencial.

Es evidente que la esperanza de vida es mayor ahora que hace dos siglos, este es un dato que la industria médica ha utilizado para justificar que se debe a estos tratamientos, pero una vez más es una verdad a medias. En el siglo XIX, se produjeron mejoras considerables en la ingeniería del tratamiento de aguas residuales, de abastecimiento y de limpieza en las grandes urbes. Sobre todo, en las anglosajonas y del norte de Europa, que eran antes auténticos estercoleros porque carecían de la cultura del agua latina que los romanos desarrollaron con brillantez muchos siglos antes. Cuando en Córdoba o Sevilla, en España, había casas con agua caliente y fría, sistemas de aguas fecales separados e incluso calefacción central en la época del Imperio romano, en las islas británicas, Londres era un pozo inmundo hasta entrado el siglo XX. Fue la cultura grecolatina del agua, con los avances técnicos de los ingenieros, los que sanaron al mundo, no Pasteur y sus elucubraciones. Por otro lado, es justo decir que una parte de lo que la gente entiende por medicina sí que ha avanzado de forma increíble, la cirugía. Hasta el punto de que deberían considerarse, y así se hace en medio mundo, como disciplinas diferentes. La medicina gana prestigio para sus fracasos gracias a los aciertos de la cirugía; pero no son lo mismo ni mucho menos, aunque se practiquen en los mismos edificios blancos.

Las cirugías humana y veterinaria han llegado a extremos prodigiosos, pero recordemos que se trata de reparar cuerpos rotos previamente por diversos factores, no de prevenir futuros siniestros.

El cómplice necesario de la industria farmacéutica es la industria alimentaria, curiosamente de los mismos dueños. La alimentaria nos hace enfermar, nos convierte en yonquis del azúcar y los hidratos de carbono vacíos para que tengamos que acudir al médico, que, en lugar de recetarnos menos dulces, nos recomienda tratamientos químicos para compensar nuestros excesos y, ¡siguiente, por favor!

Pero quiero romper una lanza por los médicos de verdad, deben ser un dos por ciento del total, pero ellos son los más valientes y sabios que he conocido. No hay mejor biólogo que un médico despierto. Cuando un licenciado en Medicina alza la ceja y se hace las preguntas adecuadas, cuando hace el acto revolucionario de replantearse su propia carrera de forma crítica cuestionando en lugar de creer, regresa al espíritu de Hipócrates, resucita Galeno, y la esperanza vuelve a los tiempos en los cuales el biólogo y el médico eran la misma persona. La visión holística del bosque completo, dejar de mirar los cuatro árboles que te rodean y subirte a uno de ellos hasta ver más allá del horizonte. Os voy a contar la historia de uno.

CAPÍTULO 34

LA TEORÍA DE LA INFORMACIÓN DE ALERTA

«Como no fue genial, no tuvo enemigos».
Oscar Wilde

Corría el mes de marzo del año 2021, cuando me invitaron a dar una conferencia sobre el SARS-CoV-2 y las inyecciones a las que se empeñaban en llamar *vacunas* a la ciudad de Vigo, en Galicia, España. Iba con ilusión, pues yo nací en esa provincia de Pontevedra a la que siempre me emociona volver. Vigo es una ciudad oceánica a la que el mismísimo Julio Verne mencionó en su mítica novela *Veinte mil leguas de viaje submarino* y que visitó en persona dos veces. En su libro, el capitán Nemo le confiesa al zoólogo profesor Pierre Aronnax el secreto sobre de dónde sacó las riquezas con las que pudo construir el sumergible Nautilus y mantenerlo tantos años; ni más ni menos que de los tesoros hundidos en la ría de Vigo, en la que en ese momento se encontraban los dos sumergidos charlando. Cada vez que necesitaba recursos, Nemo entraba en Vigo y los cogía de los pecios; sus bancos eran de peces, sus fondos eran marinos y sus cajeros eran galeones españoles naufragados. «Y bien, señor Aronnax —me respondió el capitán Nemo—; estamos ahora en la bahía de Vigo, y podéis penetrar por usted mismo sus misterios».

Me ocurrió lo mismo, de nuevo un zoólogo, yo, se encontró con un sabio que le desveló unos tesoros; aunque esta vez no era el capitán Nemo, sino el doctor Sousa, y el tesoro era su hipótesis sobre los virus. Nos presentaron en el llamado Paseo dos Peixes en el barrio de Bouzas, donde el escultor José Morales ha creado un ambiente absolutamente verniano con enormes esculturas de peces y mariscos a gran tamaño al borde de la orilla de la ría, y con las islas Cíes al fondo; a este archipiélago, Estrabón lo llamó *Insulae Deorum*, las islas de los Dioses, faltaba el Nautilus.

El cielo estaba plomizo a tal punto que parecía que Neptuno saldría en cualquier momento enfadado con el tridente a separarlo del mar porque no había horizonte definido. Con todo esto dando vueltas bajo mi sombrero me presentaron a Alejandro Sousa Escandón, licenciado en Medicina y Cirugía por la Universidad de Santiago de Compostela con la calificación de sobresaliente. Un doctor de verdad, Dr. doble, porque al contrario que la mayoría de los médicos, que no deberían lucir tal apelativo, él obtuvo el doctorado *cum laude* estudiando el cáncer de próstata, y lleva más de treinta años ejerciendo de urólogo en el Hospital de Monforte. Dado que a mi edad hacerse amigo de un urólogo es más que recomendable, recibí al corpulento y sonriente Dr-Dr. Sousa con júbilo, y comenzamos a pasear por la línea de esculturas empezando por la del percebe desmesurado.

En el sargo ya me tenía fascinado; llegando a la sardina dejé de hablar, y alcanzada la faneca yo ya era fan incondicional de mi nuevo mejor amigo que me estaba contando lo que había publicado hacía muy poco. El mejillón ni lo vi, pero al llegar al pulpo parece que Verne me dio un cogotazo y nos hicimos una foto… Pasado el centollo, yo sobrevolaba las Cíes con mi mente escuchando, y hasta el congrio no desperté, de la lubina y el escarapote no tuve consciencia, pero allí estaban.

Alejandro lo llama *teoría de la información de alerta*, y asegura que los virus no son microorganismos externos a nuestro cuerpo, sino que el material genético que portan ya está contenido en el ADN y el ARN de nuestras propias células en lo que se conoce como *retrovirus endógenos*, los ERV.

Por tanto, eso que decidieron llamar *virus-veneno* es en realidad una secreción de genes nuestros, ECGS, que salen de las células con una información de alerta para otras células, y que lo hacen en situaciones tóxicas o de estrés. La amenaza son esos tóxicos o malos hábitos, no los «ERV-virus».

Hay que explicar que esos ERV y ECGS se conocen desde hace tiempo, pero que se han esforzado por llamarlos de otra forma cuando en realidad nadie ha sido capaz de distinguirlos de lo que llaman *virus* porque en realidad son lo mismo, información genética metida en un pequeño Nautilus de proteínas para que pueda viajar por las profundidades de los tejidos y llevar sus mensajes de «Cuidado, que nos atacan» de unas células a otras. Es decir, ¿estábamos en efecto culpando a los bomberos de los incendios solo por estar allí? Pasado el centollo, estaba claro que sí.

O sea, que los ERV están formados por genes de ADN y ARN envueltos en cápsulas proteicas, exactamente la definición anatómica de los virus, ¿es acaso ilógico que sean, en realidad, lo mismo? La clave está en entender la sutil diferencia de que los ERV aparecen cuando esa célula, tejido u órgano ya está inflamado, enfermo, y emergen para solucionarlo, no son los causantes como se empeñó Pasteur en demostrar sin conseguirlo.

Intentar acabar con los incendios matando a los bomberos a nadie se nos escapa que es una solemne estupidez, salvo que uno fabrique y venda productos para asesinar bomberos a precio de oro, entonces el bombericidio es un gran negocio. Pero Sousa va más allá cuando describe la existencia de lo que llama *vesículas extracelulares*, EV, que serían unos segundos mensajeros que son enviados por las células tras recibir la información de alerta de los ECGS.

Soy consciente de lo difícil que es que usted, lector, crea que lo que acaba de leer —que va en contra de miles de publicaciones científicas, expertos y años de trabajo de instituciones— sea la verdad, y que todos ellos estén equivocados. Hemos tratado de explicarlo a lo largo de este libro, por eso empezamos con los que realizaban algo tan sencillo como contar genes y sin embargo erraron por años por una sencilla razón; se basaban unos en los descubrimientos de los otros sin cuestionarlos.

Atreverse a empezar de cero está al alcance de muy pocos, veremos que son los que portan un gen llamado explorador, el DRD4-7R que solo poseen el 20 % de los humanos.

Pero ¿y si fuera cierto?, ¿cree usted que la ciencia avanza por consenso democrático de tipos 1, 2 y 3 de Rivera, o por los saltos que generan personas concretas? El clérigo sobrevalorado no es santo de mi devoción, pero me viene bien para ilustrar esta idea; si miran la etiqueta del licor español llamado Anís del Mono, verán una antigua caricatura que le hicieron a Charles Darwin para burlarse de su propuesta de que humanos y simios teníamos ancestros comunes. Se rieron de él y lo desprestigiaron, hoy en día habría aparecido en los programas de humor de las TV como objeto de escarnio.

Ni que decir tiene que a Copérnico, Cristóbal Colón, Giordano Bruno y muchos otros les pasó lo mismo. Si por el *consenso científico* fuera, estaríamos en la Edad de Piedra.

A mediados del siglo XIX, Ignaz Semmelweis, un obstetra húngaro con solo veintiocho años, se dio cuenta de que en las dos salas de maternidad en las que trabajaban él y sus compañeros morían muchas mujeres por fiebre puerperal; pero que en una fallecían muchas más que en la otra. Vio que en la sala donde más morían era justo en la que trabajaban los estudiantes que tenían contacto también con estudios anatómicos con cadáveres. Ojo, que esto pasó mucho antes de que se descubrieran las bacterias, los virus ni nada de nada. Ignaz hizo una simple observación experimental desde la humildad, aquí mueren más que allí y aquí trabajan unos cuya diferencia es esta.

Propuso que los estudiantes se lavaran las manos antes de tratar a las embarazadas porque intuyó que «algo» pasaba desde los cadáveres a ellas a causa de la manipulación. Al probarlo, los resultados fueron asombrosos, redujo la mortalidad del 12,8 % en 1842 al 1,28 % en 1848, con solo hacer que se lavaran las manos. ¿Le aplaudieron? En absoluto. Los médicos mayores, los del *consenso científico*, se indignaron contra el joven atrevido porque consideraban que estaba insultando a la imagen de la profesión médica llamándolos *sucios*. Atacaron con crueldad su teoría y fue amenazado. Su propio jefe de obstetricia, el profesor Klein, prohibió la medida haciendo que la tasa de mortalidad volviera a subir, ¿quién era este osado jovenzuelo para atreverse a tener razón en contra de cientos de años de médicos insignes?

Tanto acosaron a Semmelweis que abandonó la clínica deprimido, dejó su trabajo entre las burlas de los expertos y se puso a dar clases en la Universidad de Pest en Hungría.

Los casos se cuentan por cientos, pero no se enseñan en las universidades para que los futuros biólogos y médicos no tengan la tentación de cuestionar nada en sus carreras nacientes, que tengan fe ciega en eso que llaman la *ciencia* sin mirar para atrás demasiado, que sigan el camino marcado por la industria de la enfermedad.

Por eso, ese médico de cabecera suyo, o ese hermano traumatólogo, o ese amigo dermatólogo, o esa madre neuróloga que le ha recomendado a usted que se «vacune» no son malas personas, no le han engañado; se lo han dicho de buena fe porque ellos lo creen, se lo enseñaron así desde la universidad, están dentro de un sistema muy jerárquico en el que tienen fe ciega; durante años les han enseñado que, si lo consiguen, serán dioses, pero que dejarán de serlo si se salen de los protocolos marcados por «la Medicina».

La mayoría de ellos ni siquiera respetan ni conocen el trabajo de los biólogos, a los que consideran perseguidores de ballenas insustanciales, veneradores de lobos, frívolos *hippies* con melena y barba que no sirven para gran cosa. Ignoran que la inmensa mayoría de los que han recibido el llamado Premio Nobel de Medicina o Fisiología son biólogos; ese es el nombre exacto y completo del galardón, pues el «Premio Nobel de Biología» no existe como tal; se considera que la fisiología es biología. A casi todos los periodistas esa denominación oficial del premio les resulta excesivamente larga, tampoco saben qué es la fisiología, por tanto, la acortan y lo llaman «Premio Nobel de Medicina». Dado que, además, todos los biólogos que lo ganan son doctores, y ya hemos visto que para la gente *doctor* es sinónimo de *médico*, la tormenta perfecta está servida: el Dr. Fulanito que gana el «Premio Nobel de Medicina» es, para la mayoría de la gente, un médico.

En la pandemia de la COVID-19, tras más de dos años de información constante, todavía muchos médicos y personas en general siguen pensando que los virus y las vacunas son materia de estudio de la medicina. Se lo pregunté al doctor Sousa entre la sardina y la faneca:

—Alejandro, ¿cuánto tiempo te impartieron virus y vacunas en la Facultad de Medicina durante los siete años que antes duraba la carrera?

—Un mes —respondió.

Todo lo que él sabe lo estudió por su cuenta durante años fuera de la universidad. Por eso asegura que el noventa y nueve por ciento de los estudios sobre estos microorganismos profundizan solo en datos concretos de su funcionamiento tratando siempre de que los resultados encajen con la teoría oficial de que los virus secuestran una maquinaria celular muy compleja para utilizarla a su antojo con el fin de crear copias de sí mismos.

Han pasado muchos años desde aquellos filtros de cerámica rudimentarios a partir de los cuales lo que los superara era veneno y lo que se quedaba no. La información acumulada durante este tiempo no encaja con la teoría de Pasteur, han aparecido otras, como la del exosoma troyano o la de la quinta columna viral, que intentan explicar lo evidente; pero, a día de hoy, la ciencia no está ni mucho menos de acuerdo ni siquiera en la propia definición de virus, por mucho que a estas alturas sea una palabra que todo ser humano cree entender.

Aislarlos es imposible; cuando dicen haberlo hecho, es a base de introducir células aberrantes, cultivos llenos de venenos, material de varias especies animales; o se refieren a cuando crean esos elementos quiméricos en laboratorio a los que también llaman *virus*, pero que nada tienen que ver con la naturaleza.

Los oficialistas no saben cómo explicar que al menos el ocho por ciento del material genético humano es de origen viral, pasan de puntillas sobre esta y otras realidades con el fin de mantener viva la rentable teoría del contagio. La terrible incongruencia de considerar a los virus como agresores externos, y a la vez constatar que tenemos fragmentos de virus en nuestro genoma durante millones de años, gracias a cuya información se forman las células madre, la placentación, los mismos telómeros y hasta el pensamiento consciente, se mantiene en ese *consenso científico* a base de dinero, no de ciencia.

La ciencia oficialista no sabe cómo explicar que unos pocos genes virales pueden hacerse cargo de toda la maquinaria de transcripción, traducción, transporte intracelular o plegamiento de proteínas, entre muchas otras actividades biológicas esenciales.

Vamos descubriendo que nuestro *virioma* está formado sobre todo por virus con efectos beneficiosos sobre sus hospedadores, que incluso la mayoría de las respuestas patológicas a los virus son muy leves, y que solo cuando los virus han cruzado la barrera de especie transmiten enfermedades graves.

Cada día es más evidente que existen varios tipos de vesículas extracelulares capaces de transportar información entre células, incluidos fragmentos de material genético. Sabemos que estas vesículas, que pueden ser producidas por células sanas o infectadas, juegan un papel importante en la modulación de la respuesta inmune antiviral.

La hipótesis de información de alerta del Dr-Dr. Sousa es capaz de explicar todo esto a la perfección. A veces es una cuestión de conceptos que parecen sutiles, hay que activar el Sistema 2 de Kahneman para entenderlo, y ya sabemos que somos renuentes a hacerlo, aunque vamos a intentarlo.

Los ERV o retrovirus endógenos no son material genético viral incluido en nuestro genoma, sino que son parte integral y vital del mismo, realizando funciones muy importantes propias de los organismos pluricelulares.

Los «virus» son en realidad un tipo de ECGS (secreción de genes celulares exógenos) que transportan información de alerta que sería producida por células bajo estrés, y que cumplirían una función de comunicación intercelular; lo cual activaría una serie de acciones que pueden llevar a las células receptoras a desarrollar o no una reacción hostil al estímulo externo.

Los ERV pueden hacer copias secretables de parte de su material genético, ADN o ARN, cuando las células se ven sometidas a situaciones tóxicas o estresantes. Estos genes viajan protegidos por una envoltura simple o doble, cápside o membrana, capaz de unirse a receptores específicos de células diana.

Las vesículas extracelulares EV cumplen, entre otras funciones, la de segundos mensajeros de la información del exterior que está contenido en el ECGS.

Esos EV pueden tomar diversas formas, como micropartículas genéticas, estructuras similares a virus, virus completos, etc. Además de muchas otras respuestas mediadas por diversas citocinas y células inmunitarias como NK, células dendríticas, CD4+ o Treg, que pueden definir el tipo de respuesta inmune del receptor.

Disculpe el lector que le haya colado en estos últimos párrafos algunos palabros técnicos, pero creo que, incluso sin conocerlos, se entiende bien el mensaje general de Sousa, y al citarlos damos pie a que el lector iniciado pueda investigar por su cuenta.

Esos interesantes EV se conocieron hace ya treinta años, sirven para la comunicación entre células, son como los mensajeros en moto o furgoneta de Amazon que reparten cosas más o menos importantes. Para no llamarlos *virus,* pero a la vez no negar su existencia, les pusieron otros nombrajos según su tamaño. Los pequeños de la moto son *exosomas*, los de las furgonetas son *microvesículas* y a los del camión de la basura los llamaron *cuerpos apoptóticos*, porque se llevan los desechos cuando no ha quedado más remedio que matar alguna célula para salvar al resto.

Lo más interesante es que todas las células de los seres vivos pueden generarlos, lo cual significa que son muy antiguos en la evolución.

Pero, claro, que la gente entienda esto les tumba el chiringuito vacuno pastillero que se sostiene bajo la gran palabra que da miedo, *VIRUS*. Todo sujeto destinado a provocar impacto debe decirse en singular. Da mucho menos terror cuando se dice en plural y en inglés: *viruses;* les quita toda el aura épica, y eso me gusta. Igual ocurre con EL coronavirus, EL COVID-19, EL colapso hospitalario, LA muerte, LA evidencia científica, LA comunidad médica…

Todo lo que deba darnos gran impresión perceptiva, de respeto o miedo, debe ser tratado con una palabra *en singular.*

Es uno de esos poderes de los nombres que tienen un efecto subliminal del que no nos damos cuenta, pero nos afecta. Por eso la prensa *covidiana* siempre habla de «LA vacuna», en lugar de «las vacunas».

No menosprecien el efecto de esto, es automático y efectivo. Por ejemplo, si alguien dice «Que Dios me ayude», de inmediato inferimos que es creyente de una religión monoteísta, pero, si usa la fórmula «Que los dioses me ayuden», deducimos que es ateo o agnóstico. Incluso los animalistas, al hablar de sus tótems, los citan en singular; dicen «EL lobo», pero no «la hormiga». Pues bien, la expresión «EL VIRUS» personifica, ensalza y convierte al concepto en mucho más temible, por eso a partir de ahora escribiré *viruses*.

Pero la hipótesis del Dr-Dr. Sousa va mucho más allá de la simple comunicación entre células del mismo individuo. Las *feromonas* son sustancias químicas que los seres vivos secretamos mediante glándulas para inducir determinados comportamientos en otros individuos de la misma especie; mensajeros de estímulo, alerta o señales diversas que pueden modificar la conducta del receptor; estoy convencido de que están tras la adicción de mucha gente a los gimnasios. Precisamente el culo de castor que usan los perfumes caros para fijar los olores son feromonas, entre otras cosas.

Pero, además de esto, se sabe que muchas plantas como las acacias de África pueden reaccionar al ser comidas por herbívoros para avisar a otras acacias de que están siendo atacadas, y provocar que inyecten, literalmente, compuestos indigestos en las hojas que disuaden al devorador. Por eso, a menudo, las jirafas tras comer hojas en un área deben alejarse y empezar en otra zona donde los árboles no se hayan avisado unos a otros de su presencia. Incluso dentro de la misma acacia, al empezar a ser comida, envenena las hojas de las ramas adjuntas.

La planta del tabaco también ha creado relaciones simbióticas con animales; cuando es invadida por orugas, libera una sustancia química en el aire que atrae a los insectos que se alimentan de ellas. Cada vez se descubren más relaciones de este tipo a nuestro alrededor, pero nunca se han estudiado con el *Homo sapiens*. Los más avezados investigadores sospechan que deben existir, hay indicios en nuestro gusto por los bosques, o por la proximidad del mar y sus efectos inmediatos.

Sousa sugiere que, si una situación es potencialmente peligrosa para un individuo, sus células producirán ECGS, encapsulados o no, para informar a los individuos cercanos al penetrar en las células receptoras por fusión de sus membranas, endocitosis o unión a receptores. Estas células, a su vez, secretarán unos segundos mensajeros: exosomas, partículas similares a virus y nuevos «virus» encapsulados o no. Teóricamente, estas estructuras podrían perfectamente alcanzar a otros individuos a través de fluidos como sudor, saliva, heces y orina. De este modo, un «virus» no sería más que un ECGS con información de alerta producida por células bajo estrés.

El razonamiento más lógico, el que todos los científicos aceptaron de inmediato, fue que los retrovirus introdujeron su material genético en el nuestro cuando nos infectaron. Pero no tiene sentido que los restos de un material infeccioso se perpetuaran millones de años dentro de nuestro genoma si no cumplieran alguna función. La presión evolutiva simplemente los hubiera descartado. Que unos virus malosos destructivos externos se incorporen a nuestro ADN y se queden ahí como si tal cosa no parece una explicación coherente, pero esta otra sí lo es.

Científicos estadounidenses descubrieron la sorprendente capacidad de los ERV para activar el estado totipotencial de las células madre, esto resultaría increíble si viniera de un virus externo agresivo. *Totipotencial* significa que se pueden convertir en cualquier otro tipo de células especializadas.

Sousa propone que los ERV, recuerden, los retrovirus endógenos, nunca introdujeron sus genes, sino que son su propio material genético celular y generan virus como señales de alarma codificadas en estrecha relación con los EV.

Entonces, lo que llamamos *contagio* sería en realidad un proceso natural por el cual, cuando una situación tóxica o estresante afecta a una población, el individuo más débil de la comunidad será el primero en liberar «virus» que llegarán a los demás individuos. Dependiendo del estado de salud e inmunidad del resto del grupo, tendrán desde prácticamente ninguna respuesta hasta síntomas clínicos incluso fatales.

Es difícil imaginar cómo un virus, desde el punto de vista tradicional pasteuriano, que ni siquiera está vivo, portador de apenas unos pocos genes, podría «secuestrar» toda la compleja maquinaria celular de un ser superior. Los hechos parecen demostrar que la célula participa activamente en este proceso, accediendo a la producción de nuevos viriones; así como en la activación e inhibición de procesos inmunitarios, o de otro tipo, que se producen como consecuencia de su replicación.

Nuestro conocimiento actual no nos permite comprender cuándo y por qué se produce una respuesta u otra. Lo que sí sabemos es que la gran mayoría de «virus» con los que convivimos no producen fenómenos patológicos en nuestro organismo, y que, cuando lo hacen, son generalmente síntomas leves.

Deberíamos preguntarnos por qué los «virus» han evolucionado para crear miles de familias y especies diferentes cuando ni siquiera son verdaderos seres vivos. A veces algo que damos por hecho no resiste a una simple reconsideración mínimamente lógica. Me animé a decirle a Sousa a la altura del mejillón que Pasteur no se hubiera atrevido ahora a formular su absurda teoría del contagio, sin duda aquello coló porque no se sabía lo que ahora conocemos.

Los esfuerzos de la industria médico-farmacéutica por convencernos de que los rinocerontes siguen siendo unicornios son asombrosos.

Hace solo cincuenta años se descubrió el primer «virus» capaz de afectar a los humanos, fue el virus Epstein-Barr (EBV); desde que lo supe, quise fundar un *pub* con ese nombre.

Pero hay ejemplos innumerables en animales no humanos de acciones beneficiosas de «virus», algunas muy sorprendentes, como lo que les ocurre a las crías de los pulgones verdes del guisante *Acyrthosifon pisum.* Cuando estas larvas se desarrollan en condiciones de excesivo hacinamiento, cogen un «virus» y les crecen alas. En condiciones normales no las tienen. ¿Qué le parece? El milagro lo genera un *densovirus* cuyo genoma se ha incorporado por completo al insecto. Cuando los pulgones alados se reproducen en otras plantas con más espacio entre ellos, vuelven a la forma original sin alas. Si lo pilla Pasteur, la lía parda.

La teoría de Sousa lo explica mucho mejor; según esta, el virus no es más que un mensajero utilizado por los pulgones para informar a sus compañeros de que la excesiva concentración de individuos compromete la viabilidad de todo el grupo. No es Red Bull, pero funciona igualito. «¡El exosoma te da alaaaaaaas!».

Otro caso interesante es el de la viuda negra del sur, *Latrodectus mactans,* una araña venenosa tropical con la mala costumbre de comerse al macho tras copular con él. Hay un tipo de «virus» que se supone que ataca a las bacterias, se llaman *fagos.* El *fago WO* tiene hasta un tercio de genes de origen animal. Uno de esos genes en concreto es el de la latrotoxina, que es la neurotoxina del veneno de la viuda negra. Pues bien, este *fago WO* utiliza esa toxina para destruir a las bacterias del grupo *Wolbachia*, que atacan precisamente a esta araña; es decir, existe una simbiosis araña-virus contra la bacteria o, como propone esta teoría, el virus es solo un VE con material genético secretado por la araña para infectar y destruir a la bacteria.

La teoría del contagio pasa de puntillas por todos estos casos en los que se aprecia con extrema claridad que los genes del virus son genes del animal, la misma cosa, y además con una función clara y beneficiosa.

Parece evidente que los virus realizan funciones en su mayoría positivas para los hospedadores, incluidos los efectos inmunomoduladores, la destrucción de microbios y la colaboración en la reparación del daño a los tejidos afectados.

Pero, para aceptar los virus como señales de alerta, esta hipótesis debería poder explicar las enfermedades virales con una alta mortalidad. Un sistema de alarma que globalmente produjera más problemas que ventajas tendería a desaparecer por la presión evolutiva que generaría. Si esos bomberos para apagar los incendios destruyeran más que el fuego, no serían beneficiosos.

A la quinta vuelta al congrio el Dr. Alejandro me lo explicó. La información que portan los virus produce una alta mortalidad cuando los individuos receptores se encuentran en una situación altamente tóxica o estresante sin posibilidad de huida.

Ciertos «virus» diezman las piscifactorías, por ejemplo, donde se dan condiciones inadecuadas, como baja concentración de oxígeno en el agua o aumento de desechos. Estas situaciones estresantes generadas por un ambiente dañino provocan síntomas contagiosos de alta mortalidad, como la necrosis pancreática infecciosa. Incluso en estos casos, no podíamos considerar que dicha «información de alerta» fuera perjudicial para el grupo, porque al final solo estaría devolviendo el equilibrio biológico y asegurando la supervivencia de la especie.

En términos generales, los «virus» que causan mayor mortalidad en humanos son aquellos que han traspasado la barrera de especie, como ha ocurrido con el ébola, el sida, el zika, el dengue o el SARS; todos ellos, a mi juicio, manipulados en laboratorios humanos deliberadamente. Estos virus estaban en equilibrio inmunológico con sus huéspedes habituales, los murciélagos, las ratas, los pangolines, las civetas e incluso los simios, pero se convierten en tóxicos cuando unos biólogos financiados por Departamentos de Defensa deciden jugar a mezclarlos unos con otros y darles ganancia de función para ver qué pasa en humanos.

Estos son los *virus quimera*, que, por tanto, no serían verdaderos virus, si no diminutos monstruitos de Frankestein fruto de la manipulación intencionada.

Es fácil de entender, una manada de leones en la planicie del Serengeti no es una amenaza nada más que para las cebras, pero, si los soltamos en la Gran Vía de Madrid, fuera de su ecosistema, de su contexto biológico y sus controladores naturales, lo más probable es que hagan una escabechina.

Lo que llaman *virus* son parte de nosotros, los seres vivos, y lo que jamás ocurriría en la naturaleza es que se mezclaran unos de murciélago con otros de pangolín, macaco, y todo ello al fino aroma de humano con cáncer. ¿Es de extrañar que estas quimeras causen problemas? Por suerte, son enormemente inestables y en poco tiempo son desactivados por el sistema inmunológico y su propia imperfección; el problema es cuando algunos quieren meternos ARN mensajero sintético cuatro o cinco veces al año a través de jeringuillas para renovar los Frankesteins cuando se degradan.

Lo malo es que a nosotros, los monos egoístas, que vivimos en colmenas de cemento todo el día estresados, comiendo toxinas y sentados, sometidos a contaminación del aire, metales pesados, agua con cloro y radiaciones electromagnéticas en dosis imprudentes, no nos salen alas para huir como a los pulgones verdes. Lo que nos brotan son enfermedades autoinmunes, cada vez más patologías que la industria de la enfermedad atribuye a los «virus nuevos». Si le pones nombre, existe.

Seis vueltas más tarde, estábamos de nuevo frente al percebe, un animal que me trajo muy malos recuerdos de juventud, cuando trabajaba yo en una marisquería para financiarme mi primer safari a África, que al final pagó mi novia, y me echaron porque, al ponerle las raciones a los clientes, les explicaba que era el animal con el pene más largo de la naturaleza; lo cual, siendo cierto, no contribuía en absoluto a que los comieran con gusto.

CAPÍTULO 35

EL GEN NEGACIONISTA

«Cuando el debate se ha perdido, la calumnia es la herramienta del perdedor».
Sócrates

En el año 1993, se publicó el hallazgo del gen DRD4-7R, que está presente en solo el 20 % de los seres humanos y que, según los biólogos, ejerce un control sobre la dopamina, que participa en mecanismos de recompensa y en procesos de aprendizaje. Svante Pääbo es un biólogo sueco que trabaja en la Universidad de Múnich, en concreto en el Instituto Max Planck de Antropología Evolutiva. Experto en paleogenética, se dedica a rastrear genes en la historia evolutiva humana, lo cual es francamente interesante. Descubrió nuestros encuentros amorosos con los neandertales y observó que ningún otro mamífero es tan inquieto como los seres humanos. Somos el único que tiene una aparentemente estúpida tendencia a querer ver siempre lo que hay al otro lado del horizonte, a emprender exploraciones y viajes sin necesidad aparente.

Lo común en los otros mamíferos es que algunos individuos traten de conquistar nuevos territorios por saturación poblacional, búsqueda de pareja, fundación de nuevas manadas o agotamiento de los recursos. Pero esos humanos son muy de irse a por tabaco para no volver a causa de un gen minoritario que convierte a la gente que lo porta en propensos a probar nuevos lugares, comidas distintas, y, en general, a plantearse dudas e investigar de forma casi compulsiva. Es ese alumno preguntón, imaginativo e inquieto que el sistema educativo trata como hiperactivo cuando en realidad es el que más probablemente haga avanzar a la humanidad.

Pääbo descubrió que los neandertales no eran así, que, a pesar de poseer un encéfalo mayor y ser más fuertes que nosotros, los cromañones, no eran demasiado creativos ni propensos a explorar; quizá fue una de las razones por las cuales los sustituimos, no sin antes tener encuentros amorosos, sin duda alguna entre hembras humanas y machos neandertales, porque al revés había que tener muchas ganas; las hembras neandertales no eran en exceso gráciles, como ya vimos.

Los *sapiens sapiens,* en cincuenta mil años, salimos de África caminando, y llegamos a casi todos los continentes por simple curiosidad genética, o como diríamos en España: «¡No hay huevos para cruzar ese océano!».

Otro estudio reciente de Dan T. A. Eisenberg, de la Universidad de Washington, sobre la tribu de los *ariaal,* que son parientes de los famosos *samburu* del norte de Kenia, concluyó que los portadores del 7R son más fuertes y mejor nutridos si están en una tribu nómada, pero languidecen si viven en alguno de los poblados que se han hecho sedentarios; es decir, el gen se manifiesta según el ambiente de formas distintas. Esto es muy interesante porque significa que una persona inquieta en un entorno estable puede no prosperar, mientras que en uno dinámico le iría mejor.

Pero un solo gen no nos convierte necesariamente en exploradores; los humanos tenemos otras tres características que nos diferencian de nuestros parientes más cercanos; unas manos muy hábiles, unas piernas largas para recorrer largas distancias con poco gasto energético, y una infancia prolongada para jugar mucho. Ningún mamífero tiene tanto tiempo para explorar protegido por sus padres sin jugarse la vida.

Pero, además, nosotros jugamos creando circunstancias hipotéticas con la imaginación, y eso nos diferencia absolutamente del resto de los animales. Se ha comprobado que las tendencias a valorar los cambios como positivos son más frecuentes en unas poblaciones humanas que en otras.

Siempre me sorprendió ver a los turistas alemanes e ingleses de vacaciones en Mallorca o las islas Canarias en España, acudir a bares y restaurantes que son como los de sus países de origen, con sus mismas marcas de cerveza e idénticas salchichas, incluso con carteles y camareros iguales que ellos. Incluso lo de ponerse chanclas con calcetines diría que es genético. Sin embargo, los españoles en particular y los hispanos en general somos más de probarlo todo, de enamorarnos de lo extranjero, de ponernos incluso los atuendos típicos del lugar al que vamos.

En una ocasión en Kenia, pasando por un poblado masái al que solían ir turistas, se me acercó un joven guerrero *morani* para ofrecerme beber de su calabaza-cantimplora rellena de sangre y leche de vaca batidas a cuarenta grados de temperatura, una delicia. Le dije que ni en sueños bebería de ahí y se empezó a reír; se acercaron otros muy jocosos y les pregunté qué era tan divertido. Me respondieron que hacían eso como broma a los visitantes, porque saben que el europeo que beba de la calabaza tendrá una diarrea de caballo; pero lo mejor fue lo que me contaron después. Según ellos, los alemanes, ingleses y norteamericanos siempre rechazan probar ese mejunje, pero hay unos que suelen aceptar, los que hablan en español. Al escucharme conversar en ese idioma, vino hacia mí para arruinarme el viaje, pero yo sabía lo que ese brebaje infecto haría a mi estómago.

Me dio mucho que pensar aquella información, y, con el tiempo, comprobé que era cierta, los españoles y por extensión los hispanos de todo el mundo tenemos una característica que debe ser genética, la xenofilia o filoxenia. Se trata del aprecio a lo extranjero, a lo distinto, a lo de otros pueblos. Todo lo de fuera nos parece mejor que lo nuestro. Mientras un alemán recorre el mundo bebiendo la misma marca de cerveza que ingiere en su casa de Múnich, un miembro del antiguo Imperio español se bebe, se come, se fuma y se enamora de cualquier cosa extranjera que se cruce en su camino. Pero eso se me antoja bueno, porque, si los españoles no hubiéramos probado y traído las patatas, el tabaco y tantas otras cosas de América desde el primer viaje, ese alemán no tendría *kartoffelsalat* que buscar en Ibiza. ¿Será el gen DRD4-7R?

CAPÍTULO 36

ENGENDROS ABERRANTES

«Obedeced más a los que enseñan que a los que mandan».
San Agustín

No he querido que llegáramos juntos a este momento sin que todo lo anterior obre en la mente de usted, querido lector. El propósito de los capítulos precedentes ha sido crear un universo nuevo de percepciones que envuelva lo acaecido a partir de 2020 en una perspectiva diferente.

La teoría del terreno de Antoine Béchamp, continuada por muchos biólogos e investigadores desde entonces, nos ha enseñado que los llamados *virus* se originan dentro de nuestro organismo, no fuera. Que las enfermedades en su mayor parte son causadas por tóxicos que, esta vez sí, son exteriores; o por otros factores que provocan desequilibrios celulares. Béchamp describió pleomorfismos, es decir, cambios importantes en las bacterias, cuando las condiciones del medio variaban, como vio perfectamente la enfermera Nightingale. Para la teoría que ahora sigue la medicina oficial en el mundo y que proviene de Pasteur, los microbios no cambian, se llama *monomorfismo*. Para este, la sangre y los tejidos sanos eran estériles, un completo absurdo que sorprende que se siga creyendo. En la teoría de Pasteur toda amenaza microbiana que causa enfermedades es externa. Sin embargo, hay muchos estudios que demuestran, por ejemplo, que la sangre dista mucho de ser estéril, simplemente no lo es.

De este modo, el pleomorfismo de Béchamp, apoyado también posteriormente, con sus variantes, por Claude Bernard, Robert Young, Gaston Naessens, Günther Enderlein, Stephan Lanka, Máximo Sandín, Almudena Zaragoza, Alejandro Sousa y otros muchos, evidencia todo lo contrario a lo que la biología oficial ha ido defendiendo hasta ahora: el medio, el ambiente, son determinantes para el correcto funcionamiento de un ser vivo. Dependiendo de las condiciones del terreno, los microbios pueden transformarse adaptándose a nuevos escenarios. Las enfermedades, de acuerdo con esta teoría, son causadas por un desequilibrio en el medio, por acumulación de tóxicos, y no por entidades patógenas que vienen del exterior con intenciones aviesas.

Desde aquellos tiempos solo se han aislado y purificado unos «virus» llamados *bacteriófagos* que atacan a bacterias, que no parecen tener mucha relación con el resto. Y a partir de ellos se ha inferido la existencia de una serie de supuestos «virus» que, en realidad, como hemos visto, serían exosomas creados por las propias células, y no «bichos» que vienen de fuera como *aliens* extraterrestres.

Esto nos lleva a la conclusión de que eso a lo que llamaron SARS-CoV-2 era un producto quimérico de laboratorio que actuó de forma temporal como un tóxico inyectable, desatando el proceso social llamado COVID-19, que no fue en absoluto biológico, sino tóxico, psicológico y lingüístico. ¿Hubo «virus»? Podríamos decir que sí, al principio, si llamamos *virus* al constructo quimera de Wuhan, creado mezclando material genético de varias especies animales diferentes, con ganancia de función para que afectara a los humanos. Pero ese tóxico que, como veremos, era en realidad una parte de la quimera llamada proteína *spike*, duró poco tiempo, porque estos virus-quimera son neutralizados por el sistema inmune y además son muy inestables, recordemos; como el monstruo de Frankenstein, al no ser naturales, son imperfectos. El problema surgirá cuando las instrucciones para fabricarlo se queden en los inoculados.

La doctora en Medicina María José Martínez Albarracín me lo explicó durante un delicioso paseo que dimos por la bella ciudad de Zaragoza, en Aragón, Reino de España, el 10 de mayo de 2021, gracias a un ingeniero indignado y valiente llamado Javier Fernández Pardo, que organizó por su cuenta y riesgo un encuentro para intentar informar a políticos de Aragón. «Estas vacunas son engendros transgénicos aberrantes, Fernando, son tóxicos».

La Dra. Martínez Albarracín es otra de esas personas con las que no puedo hablar sin tomar apuntes, sabe tanto de biología y medicina como de historia de las religiones. Escuchándola frente a la basílica de El Pilar me pasó como con el centollo del Dr-Dr. Sousa, me dio síndrome de Stendhal en versión científica: subida del ritmo cardíaco, palpitaciones, vértigo, temblores… «Mi opinión es que este COVID puede ser perfectamente un arma biológica, en el sentido de que pudieron introducir en algunos lotes de vacuna de la gripe de 2019 una secuencia transgénica de este tipo de ARNm que codificara para proteínas del tipo de la *spike*, que son muy similares a proteínas de fusión de clase 1, y por tanto, tiene muchas similitudes con ARN de nuestro transcriptoma y con proteínas generadas por estos ARN».

María José me certificó lo que ella sospechó desde el principio, que estos *engendros transgénicos* son constructos aberrantes de laboratorio, no son exosomas naturales, ni «virus» contagiosos que atacan a humanos. Han sido creados con ARN y ADN de diferentes especies animales, pero de tal forma que sean reconocidos por los receptores de nuestras células, es decir, que pueden violar la famosa barrera de especie que impediría que algo así ocurriera de forma natural. Lo malo es que se pueden recombinar con nuestro genoma o nuestro transcriptoma con consecuencias tan impredecibles y catastróficas como Ian Malcolm pudiera imaginar.

Ella, un año más tarde, en marzo de 2022, me confirmó de nuevo sus sospechas. Según unos documentos desclasificados por la FDA de Estados Unidos, la empresa Pfizer tuvo que reconocer que habían muerto por las vacunas ni más ni menos que el 3 % de los inoculados en los primeros noventa días. Este porcentaje aplicado a la población de España supondría unos siete muertos cada día, todos los días. Una mortalidad del 3 % en, recordemos, una población completamente sana, que se inocula para prevenir una enfermedad con una mortalidad del 0,1 %, es una catástrofe que jamás se debería estar imponiendo a la población mundial con presiones, ni pasaportes, ni códigos QR. El problema sigue siendo que estos datos no llegan al grueso de la gente porque nunca los dicen en los medios de comunicación propiedad de los mismos fondos de inversión que fabrican las inyecciones.

La Dra. Martínez Albarracín ve algo positivo en estos quimera-tóxicos, no pueden contagiarse ni por aire ni por agua, deben ser inyectados. Esto explica por qué tuvieron que crear una alarma mundial suficiente para que la población aceptara dejarse inocular sin ninguna garantía, y por qué deben mantener el miedo activándolo cada pocos meses; es necesario renovar ese ARN sintético varias veces al año. Entre las vacunas de la gripe y las de las variantes que se van inventando, serán al menos tres o cuatro dosis al año, cada persona, para mantener activo el código QR que acabará rigiendo nuestra cuenta corriente, nuestro carné de conducir, nuestro historial médico y nuestro certificado de ser ciudadanos sostenibles con una huella de carbono limitada.

Porque ese es el fin último de todo este plan, el control absoluto de la población implementado con la excusa de la salud y la seguridad para tener cuatro oportunidades cada año de inyectar a la humanidad lo que ellos quieran. Más adelante les explicaré quiénes son ellos y cuál es el objetivo final de todo.

Oficialmente, se dijo que la nueva enfermedad era un tipo de neumonía intersticial bilateral, una enfermedad respiratoria. Eso también era mentira.

Ese virus quimera ni siquiera era capaz de transmitirse ni propagarse por el aire, debía ser inyectado, como ya hemos visto, y eso se consiguió a través de las llamadas vacunas contra la gripe. Pero para que la campaña de miedo se desatara en todo el mundo, era necesario hacer creer a la gente en varios conceptos que fueron trabajados creando un relato perfecto. La base de todo era idear unas pruebas que convencieran a los sanos de estar enfermos, las RT-PCR. Pero la gente se daría cuenta de que no estaba mala al pasar los días, por eso la creación más genial de los guionistas del fenómeno COVID-19 fueron los asintomáticos.

Violando de nuevo las más elementales normas de la medicina tradicional según las cuales alguien sin síntomas es alguien sano, crearon la psicosis mundial de que todos éramos enfermos contagiadores mientras no se demostrase lo contrario; es decir, suprimieron la presunción de salud cambiándola por la presunción de enfermedad.

Todo ser humano debía protegerse de su propia familia, de sus amigos, de sus compañeros de trabajo, colegio o universidad. La descomunal maquinaria de propaganda al estilo Leni Riefensthal, pero multiplicada por mil, se puso en marcha. La humanidad fue bombardeada por los medios de comunicación propiedad de los fondos de inversión globales con el concepto que habían olvidado: la *muerte*.

De pronto, parecía estar en cada esquina, en tu madre, en tu hijo, en los dos besos tan españoles… Imágenes de chinos cayendo por la calle que después supimos que eran antiguas, de ataúdes amontonados por si acaso, de sanitarios vestidos de astronautas esperando una invasión de enfermos jóvenes que nunca llegó.

Enseguida entraron los otros actores, los políticos sobreactuando, queriendo hacer ver al pueblo que se preocupaban por ellos, compitiendo a ver cuál implementaba mayores medidas de control del peligroso virus con alas. Se instauró el Sistema 1 de Kahneman en toda la población. Un político parecía ser más responsable cuanto más oprimiera a sus electores. Era la tormenta perfecta.

Las televisiones y radios de todo el mundo se llenaron de expertos apocalípticos predicando miedo. Incluso en los programas llamados del corazón, aparecían biólogos y médicos hablando muchas veces al día, compitiendo con frases altisonantes. Nadie se dio cuenta de que todos ellos trabajaban para el *stablishment*, que tenían serios conflictos de intereses, que estaban ahí para transmitir el mensaje oficial del plan general cuya meta era evidente: que, llegado el momento, todo el mundo accediera a inyectarse de forma voluntaria.

Los médicos empezaron a ser interrogados, no solo por sus pacientes, sino también por sus familiares y amigos, que volvieron la cara hacia ellos confiando en sus criterios: «¿Es esto verdad, doctor?». Y en este punto tengo algo que reprocharles, la mayoría no tuvieron la humildad de decir la verdad, que no era otra que admitir que no tenían ni la menor idea al respecto. Al ser ellos jerárquicos y protocolarios, trasladaron esa forma de pensar a sus propios allegados. Pero no solo los médicos, los sanitarios en general se sintieron importantes de pronto, por eso todos a una defendieron que la única salida serían las esperadas vacunas. Mentes pasteurizadas. No mentían, en las universidades les habían enseñado muy poco de virus y vacunas, apenas una frase: haz caso a Pasteur y el resto son charlatanes.

Hoy, la ciencia ha demostrado que los asintomáticos no contagian nada en absoluto, y que, por tanto, encerrar a la gente sana fue una medida sin fundamento biomédico, una decisión política en la que se pusieron de acuerdo los poderes de todo el mundo al unísono ante el silencio de los científicos oficialistas. Los que lo dijimos entonces sufrimos el acoso y el descrédito de los medios, quedando censurados para siempre como «negacionistas». Pero teníamos razón, como en el resto de lo que se llamó *conspiranoia* y que se ha ido cumpliendo punto por punto.

Un estudio de Shiyi Cao y colaboradores publicado por *Nature Communications* el 20 de noviembre de 2020, que recoge datos sobre una población de casi diez millones de personas, demuestra que los asintomáticos no pueden contagiar, aunque hayan dado positivo en PCR. En este artículo se explica cómo seleccionaron a más de trescientas personas positivas asintomáticas, se estudiaron todos sus contactos cercanos, más de mil cuatrocientas personas, y ninguno salió «infectado», insisto, ¡ninguno!

Las televisiones propagaron el bulo de que el virus se podía contagiar por contacto directo con los objetos, fómites; que el paquete de macarrones o la botella de aceite eran peligrosos caballos de Troya cargados de *sarscovs* dispuestos a saltar sobre nosotros. La propia agencia de medicamentos de Estados Unidos, la FDA, descartó esa posibilidad el 19 de febrero de 2021. La técnica narrativa era muy efectiva: lanzaban un bulo, lo dejaban fermentar en la población unas semanas y después ellos mismos los desmentían; salvo que para entonces ya formaba parte del mito COVID.

Solo algunos médicos fueron honestos, sin duda los que tenían el gen explorador, y se pusieron a investigar en ratos libres; por todo el mundo eran miles, y pronto constituirían una fuerza formidable con la que el globalismo no contaba.

Solo hay una manera de conocer bien una enfermedad nueva para poder combatirla de forma efectiva, hacer autopsias a los fallecidos por ella. Justo eso es lo que se prohibió a nivel mundial, aplicando a los muertos por COVID-19 el protocolo de los cuerpos radiactivos, incineración obligatoria, sin autopsias.

Así se eliminaron las pruebas igual que se había hecho con el mercado húmedo de Wuhan.

Por suerte, algunos desobedecieron, los médicos patólogos italianos Carsana y colaboradores se rebelaron contra la OMS y empezaron a hacer autopsias; lo que descubrieron fue tremendo. No era una enfermedad respiratoria como nos habían dicho, sino un síndrome inflamatorio hiperagudo, una tormenta de citoquinas. Encontraron la parte interna de los vasos sanguíneos, incluidas las arterias, trombosados, dañados, colapsados de algo llamado NET, que son como redes de tejidos muertos. En octubre de 2020, el inmunólogo Ignacio Melero de la Universidad de Navarra consigue permisos para hacer algunas autopsias corroborando la conclusión de los italianos, la COVID-19 grave es una reacción inflamatoria, no respiratoria. Y si no era respiratoria, ¿para qué todo el paripé de las mascarillas, los encierros, las distancias y la ceremonia de los hombres mosca?

Recordemos que una reacción inflamatoria se produce cuando un organismo se expone a uno o varios tóxicos externos; por tanto, el fenómeno COVID había que resolverlo buscando cuál es ese tóxico.

La doctora Martínez Albarracín afirma en el volumen *COVID-20* que no tiene sentido pensar que un mismo virus puede producir unilateralmente cuadros clínicos tan diversos como la ausencia de síntomas, el resfriado leve, la neumonía intersticial bilateral y la vasculitis multiorgánica con tormenta de citoquinas aguda y mortal. Es decir, junto con varios investigadores más, sostiene que COVID-19 grave es un proceso autoinmune. Y los procesos autoinmunes no suelen ser contagiosos, pero sí pueden estar causados por reacciones vacunales y químicos tóxicos, escribe Martínez Albarracín basándose en Aron-Maor 2001 y Mak 2014.

Pero, ¿cuál era ese tóxico o esos tóxicos? Uno ya hemos visto que pudo ser introducido por las vacunas de la gripe, pero hubo biólogos que se pusieron a buscar y encontraron algo muy curioso que veremos seguidamente.

Cuando el mundo vio que lo del pangolín y el mercado era falso, que negaban las manipulaciones de los laboratorios de armas biológicas, que incluso el nombre SARS, que es «síndrome respiratorio agudo severo», tampoco era verdad, casi nadie reaccionó, porque ya nos habían encerrado y arruinado. Comenzó el ruido ensordecedor que no deja pensar, crearon problemas en la vida diaria de las personas que les impidieron pararse a reflexionar; ya el miedo y la anomia estaban obrando, éramos presa del Sistema 1, mientras el Sistema 2 apenas lo hacía funcionar ese 20 % de la población que quizá tenga el gen DRD4-7R.

La llamada *primera ola* fue la única que en realidad ocurrió, entre enero y mayo de 2020 todos los ancianos vacunados de la gripe ya tenían en su interior el virus quimera.

Un estudio realizado en el Hospital de Barbastro, Aragón, España, por Juan F. Gastón Añaños y colaboradores, describió una posible interferencia inmunológica entre la vacuna antigripal Chiromas, administrada a mayores de 65 años, y las muertes por SARS-CoV-2, apuntando a un caso claro de iatrogenia. De inmediato, fueron a por ellos y no se les volvió a permitir hablar de ese tema. Otro estudio anterior del Departamento de Defensa de Estados Unidos ya había apuntado a que la vacunación contra la gripe aumenta el riesgo de contraer otros «virus» respiratorios.

Médicos sin Fronteras España hizo entonces un informe espeluznante, en agosto de 2020, sobre la situación de las residencias de ancianos al principio de la pandemia, denunciando, entre otras cosas, la denegación de derivaciones a los hospitales, pero también situaciones «indignas e inhumanas» que aceleraron la mortalidad y el abandono.

Amnistía Internacional emitió también otro informe contundente titulado *Abandonadas a su suerte. La desprotección y discriminación de las personas mayores en residencias durante la pandemia COVID-19 en España*, donde asegura que la mitad del personal sanitario de las residencias se dio de baja en los peores momentos.

El presidente de la Patronal de las Residencias de España, Ignacio Fernández Cid, declaró al periódico *El Español*: «Pedimos medicinas para los ancianos y nos dieron morfina y sedación». El 30 de enero de 2021, el mismo periódico publica un artículo donde un sanitario de la Vieja Fe de Valencia declara: «Hay pacientes atados, me pedían que los matara» y «Nos encontramos fallecidos al ir a verlos por la mañana».

Otro estudio del Instituto Carlos III encontró 36.293 mayores de setenta años muertos sin haber pasado por ninguna unidad de cuidados intensivos. El setenta por ciento o más de los fallecidos de la primera y única ola murieron por iatrogenia, no por ningún virus. Los mató el miedo a un microbio proclamado por los periodistas y los médicos.

Cuando un creyente *covidiano* le pregunte «¿Entonces de qué murió tanta gente?», ya puede responderle con contundencia: «Por tu miedo». A los pobres viejitos que sobrevivieron todavía les esperaba lo peor, cuando les pusieran hasta tres dosis de ARN mensajero sintético experimental unos meses más tarde.

Fueron abandonados a su suerte por el pánico de sus propios cuidadores, médicos y sanitarios, de la sociedad en general y a causa de otro protocolo médico dictado por las autoridades sanitarias, según el cual había que reservar las camas de hospital para una supuesta entrada masiva de pacientes más jóvenes. El factor miedo seguía actuando, y fue letal para ellos. Los empleados de las residencias de ancianos y en general todos los sanitarios estaban literalmente aterrados, temían llevarse el virus a sus casas por las noches al regresar y matar a sus hijos, literalmente. Se dio orden de dejar a los ancianos con mínimos síntomas de cualquier cosa en sus habitaciones, a menudo encerrados, sedados e incluso atados. Sus cuidadores no se atrevían a entrar. Empezaron a hacer PCR a más de 40 ciclos de amplificación que detectan virus endógenos humanos, exosomas, y por tanto dan hasta un noventa por ciento de falsos positivos. Cuando en una residencia un solo PCR daba positivo, entraban todos en pánico, fumigaban el suelo, las paredes y los encerraban en lugar de llevarlos al hospital.

Nadie ha aclarado todavía qué echaban esos camiones del Ejército por las calles de las ciudades que supuestamente estaban «desinfectando». Lo hacían también en el interior de las residencias de ancianos inundándolos de productos tóxicos. Se veían por las televisiones militares vestidos con EPI echando sustancias por todas partes, lo cual solo servía para crear una atmósfera de realidad apocalíptica de ficción. No se volvió a hacer, pero, insisto, nadie ha explicado por qué se hizo. A mí no me cabe la menor duda de que fueron *performances* deliberadas para crear un ambiente de terror. Poco después la OMS dijo, como siempre tarde, que no hay posibilidad alguna de que el virus esté en el suelo y las paredes de las calles ni los pasillos. Para entonces esas imágenes ya habían cumplido su misión. De nuevo, aterroriza y desmiente, que algo queda.

Imagine usted el pavor de esos ancianos, en el momento más vulnerable de sus vidas, cuando más atención médica de todo tipo necesitan, enjaulados con la televisión encendida todo el día, viendo a esos astronautas fumigando, oyendo que muere la gente por la calle, sin las visitas que les dan la vida, sin los paseos al sol que les generan la vitamina D imprescindible para su sistema inmunitario, deprimidos, tristes..., y sin atención a sus múltiples y lógicas patologías previas. ¿Acaso es extraño que murieran a cientos de miles? Lo raro es que sobreviviera alguno.

La mayor parte de los muertos no los pudo producir ninguna enfermedad contagiosa respiratoria. Con una letalidad oficial de 0,15 % como mucho, morirían uno de cada mil «contagiados»; por tanto, para causar cincuenta mil muertos debería haber habido cincuenta millones de infectados, lo cual es imposible matemáticamente. El pico de mortalidad lo produjeron los cierres de centros de salud y hospitales, los confinamientos, la cancelación de operaciones programadas, la desatención a los más vulnerables y el terror. No murieron de una enfermedad llamada COVID, murieron de un fenómeno social inducido llamado COVID, que es más una patología mental que microbiológica.

Hoy, pasados casi tres años de aquello, múltiples estudios han certificado que las cifras de fallecidos de la primera y única ola se debieron a iatrogenia, es decir, a la falta de atención médica inducida por protocolos, y al miedo provocado por los medios. Literalmente les quitaron las ganas de vivir. Mientras tanto, la sugestión colectiva seguía avanzando.

CAPÍTULO 37

EXITUS LETALIS

«El hombre que no percibe el drama de su propio fin no está en la normalidad, sino en la patología, y tendría que tenderse en la camilla y dejarse curar».
Carl Gustav Jung

Llegaron los confinamientos en todo el mundo. La gente fue encerrada en sus casas, en sus Estados, regiones o ciudades, haciendo a millones decidir con quién y dónde debían enclaustrarse: ¿con mi novio, con mis padres, sola…?, ¿en la casa de la playa?, ¿en el pueblo, en la ciudad?, ¿en mi país natal o donde vivo ahora?

Y llegó también el apocalipsis a los empresarios, los empleados, los autónomos…; un mundo sin bares ni iglesias, sin espectáculos… Todos pendientes de la mayor fuente de contagio masivo: la televisión. Durmiendo con su enemigo.

La invasión de los hombres mosca de cara azul, que se frotan las manos con hidrogel al entrar en cualquier parte. La primera visión de alguien que entraba en un establecimiento esencial era ese gesto de avaricia con las manos, friccionándose la una con la otra, como hacen las moscas al posarse. En las colmenas *covidianas*, los primates humanos que habían conquistado el planeta gracias a su imaginación y capacidad de comunicarse eran desactivados, amordazados y ungidos con el nuevo agua bendita del hidrogel.

Todos los estudios científicos, tanto anteriores a los confinamientos como posteriores a ellos, corroboran que encerrar en sus casas a la población sana no solo es ineficaz contra una pandemia, sino que provoca toda una batería de efectos negativos que exceden con mucho sus posibles beneficios. Pero asusta.

La población aislada entra en una catarsis de tristeza e hipocondría, con su vida cotidiana rota, que se traduce en diversas patologías bien descritas. Si algo fortalece el sistema inmunitario es el aire libre, la exposición a los rayos del sol, la actividad física en el exterior y la interacción con otros seres humanos; todo ello quedó abolido. Las enfermedades mentales se dispararon, depresiones, falta de sueño, psicopatías, obesidad, diabetes, sedentarismo, alcoholismo, agresiones, suicidios… Unas pocas semanas de reducción de la actividad física pueden producir efectos cardiometabólicos muy diversos, como desajustes en el control glicémico, la presión sanguínea, la inflamación por citoquinas, el equilibrio cardiovascular, así como alteración de parámetros funcionales básicos.

Repasemos. Un virus quimera inyectado desata el proceso de terror, mueren cientos de miles de ancianos y personas vulnerables por abandono; se crea un test falso que genera millones de enfermos imaginarios o «asintomáticos», se convence a la gente de que cualquiera es un contagiador, es decir, una amenaza potencial; en base a las falsas pruebas PCR se confina a la gente en sus casas provocando una epidemia de efectos reales, además de la ruina económica, que mata a gente de verdad.

Pero lo mejor de las PCR es que son el instrumento para crear infectados, ingresados y muertos por COVID que en realidad lo fueron por otras muchas enfermedades e incluso por accidentes. Esto también ha sido reconocido en 2022 por las autoridades sanitarias en todo el mundo. El secreto estuvo en los protocolos. Toda persona al ingreso en un hospital por cualquier causa, sea patológica o traumatológica, accidentes, por ejemplo, por protocolo es sometida a un test PCR a más de 40 ciclos. Puesto que a semejante amplificación todo el que tenga gripe, resfriado, catarro, bronquitis, neumonía bacteriana y hasta estrés da falso positivo, a esa persona se la etiqueta como «COVID» y pasa a «planta COVID» aunque le haya atropellado un autobús. En esas plantas, con sanitarios obligados a vestir equipos de protección individual, EPI, muy incómodos, al paciente, al cual lo que hay que curarle son otras cosas, se le ha introducido en salas donde hay otros que sí tienen enfermedades «infecciosas», luego en realidad estaban en «salas de cultivo», pues lo que no tenían, a lo mejor, lo cogían allí, con el miedo como aliado. Además, los EPI protegen a los sanitarios, pero no a los pacientes, que son atendidos por los mismos guantes de látex que pasan de unos a otros, el sueño de una bacteria nosocomial.

Si, por desgracia, ese paciente atropellado debe ingresar en la Unidad de Cuidados Intensivos, se contabilizará como «UCI COVID», y si fallece será un «*exitus letalis* COVID» y pasará a engrosar los números que cada día los telediarios les arrojarán a los demás para retroalimentar el terror. A ello hay que sumarle que para el hospital implicado un ingreso, UCI o fallecimiento «COVID» reporta unos ingresos en subvenciones del Estado hasta diez veces superiores a uno convencional. Un alta hospitalaria para COVID-19 con estancia en UCI, por ejemplo, reportaba 43.400 euros al centro hospitalario; una muerte COVID, 5000 euros. Tarifas publicadas en el Boletín Oficial del Estado, Decreto Ley 12/2020 del 10 de abril para sistema sanitario en Cataluña.

Solo escribiendo la palabra mágica en el certificado de defunción, la institución recibía su tarifa COVID correspondiente.

Los médicos no podían elegir, los protocolos les ordenaban que, con una PCR positiva, fuera cual fuera la causa de la muerte, se debía certificar que había muerto *por* COVID. Durante unos meses incluso les obligaron a ponerlo con tan solo sospecha. Se estaba engañando al mundo entero inflando las cifras para crear pánico.

Es importante tener en cuenta que el relato pactado lo tenía todo previsto, de modo que los cien síntomas más frecuentes del ser humano fueron asociados a la COVID, de tal suerte que todo el mundo creyera estar a punto de morirse en cuanto tenía tos, fiebre, mucosidad, cansancio, estornudos, dolor de cabeza, de estómago, diarrea, visión borrosa... ¡Todo era COVID!

El mayor éxito lo tuvieron con la *anosmia* y la *hiposmia*, las famosas pérdidas totales o parciales, temporales o crónicas, de olfato; un ejemplo de cómo, otra vez, se puede convencer a la gente con un sesgo cognitivo de que lo que padeció mil veces toda su vida es algo nuevo y terrorífico que prueba, sin lugar a dudas, la existencia del famoso corona asesino. La pérdida de olfato es uno de los síntomas más comunes de cualquier patología respiratoria leve, como resfriados, catarros, alergias, uso de medicamentos, congestiones nasales, que una persona normal pasa al menos una o dos veces al año, y que antes de 2020 era «tener un trancazo», y de pronto se convirtió en «Estoy a punto de morir por un virus letal»; la única diferencia entre ambas percepciones son media docena de telediarios.

Si se busca detenidamente en los manuales de medicina cuáles son las causas que pueden producir anosmia o hiposmia, se encuentra uno muy curioso. Se llama *trastorno mental de conversión*, o *trastorno disociativo*. Se define como un fenómeno mental que presenta síntomas y signos sin que exista una enfermedad o causa física real; por si a alguien le queda duda al respecto, el nombre antiguo de esta afección era *histeria*. He visto a gente muy inteligente extremadamente asustada asegurando que había tenido COVID solo por haber perdido el olfato y el gusto durante unos días; algo que, insisto, dos años antes hubiera sido objeto de bromas o absoluta indiferencia.

Así, el resto de las patologías habían desaparecido por completo de la mente de las personas, nadie parecía recordarlas. La gente no es consciente de que la cantidad de gérmenes que supuestamente producen cuadros similares a la gripe es de cerca de doscientos.

Lo mejor de todo fue cuando los medios de comunicación convencieron a la población de que la gripe, que todos los años mata supuestamente en el mundo a unas seiscientas cincuenta mil personas, había desaparecido por completo. Paradójicamente, fueron los *influencers* los que hicieron desaparecer la *influenza*. Los expertos, más bien *espectros*, tuvieron el descaro de publicar que «el virus de la gripe ha sido desplazado de su nicho ecológico por el SARS-CoV-2, cuando este sea eliminado por la vacunación masiva, dejará hueco para que la gripe reaparezca». ¿No es genial?

Crearon el cambio de nombre reversible aplicando el concepto de *nicho ecológico* a un ser que, según dicen ellos mismos, no está vivo. Caso cerrado.

Se estima que cada año contrae la gripe el dieciocho por ciento de la población mundial, pero el setenta y cinco por ciento de ellos ni lo nota, más allá de algún síntoma muy leve. Casualmente los más graves suelen haberse «vacunado» de ella. En países donde nadie se inocula apenas hay incidencia, y en los más pinchados crece cada año. En España, en el año 2017, ingresaron por gripe cincuenta y dos mil pacientes, y murieron unos quince mil, aunque las cifras oficiales reconocen solo unos cuatro mil anuales. Según el relato de ciencia ficción de la pandemia, en 2020 en España fueron solo ochocientos. Ya sabe usted dónde están apuntadas el resto de las defunciones. De nuevo cambian dragones por lagartos, y unicornios por rinocerontes, según convenga. Para asustarlo a usted y que se vacune, los llamamos *muertos COVID*, y para que crea que las vacunas funcionaron, los volvemos a llamar *muertos gripe*. Si quieren inocular más dosis en el futuro, siempre se puede repetir el truco de renombrar cuantas veces haga falta.

Que la gente creyera tal absurdez debió de suponer un orgullo enorme para los guionistas de la *plandemia*. Dijeron que fue gracias a las mascarillas, que ya sabemos que todos los estudios certifican que son inoperantes; pero incluso aunque hubieran funcionado, no tiene sentido que pararan a la gripe y no a la COVID, siendo supuestamente «virus» del mismo tamaño. Estaba claro que, para generar la apariencia de que había un virus asesinando gente, se tomó la determinación de cambiar de nombre a la gripe estacional, que durante dos años se llamó COVID-19. Pero se hizo lo mismo con todas las afecciones más comunes, como el virus sincitial, los adenovirus y rinovirus de los resfriados y catarros, los coronavirus habituales que la gente desconocía por completo, y, por supuesto, con las neumonías frecuentes y mortales que siempre estuvieron ahí, causadas por bacterias, por hongos y por otros virus, pero sin relación alguna con el nuevo *bicho*.

Las neumonías más comunes son, con diferencia, las bacterianas, es decir, no tienen nada que ver ni con este ni con ningún otro «virus». El relato también ha conseguido, como en el caso de la anosmia, que para todo el mundo *neumonía* sea sinónimo de COVID-19, otro éxito de los guionistas. Son innumerables las bacterias, hongos, virus y parásitos que se relacionan con las neumonías, como *Streptococcus pneumoniae, Mycoplasma pneumoniae, Coxiella burnetti, Legionela pneumophila, Chlamydia pneumoniae, Chlamydia psitacci, Haemophilus influenciae, Epstein-Barr, Histoplasma capsulatum, Coccicoides immitis, Blastomyces dermatitidis, Paracoccidioides braziliensis, Pneumocystis jirovecii*… y muchísimos más, incluso la gripe H1N1. ¿Esto no lo saben los médicos? He citado tantas, a pesar de que hay muchas más, para que el lector sea consciente de que ha estado relacionando una patología muy frecuente causada por legiones de gérmenes con un solo virus nuevo que le han vendido, ¿por qué ninguno de los *espectros* que tanto aparecen en las televisiones grandes jamás mencionó esto?, ¿por qué ni un solo programa organizó un debate biomédico serio donde al menos un especialista o divulgador de verdad contara estas cosas a la gente? Simplemente, porque no interesaba que las personas estuvieran informadas y tomaran decisiones propias, sino más bien que tuvieran un miedo atroz a la muerte que les hiciera obedecer.

Incluso el más descreído de los lectores no tiene más remedio que darme la razón, pues no puedo haberme inventado todo esto, es fácil comprobarlo; la diferencia es que debe activar el Sistema 2, lo cual ya sabemos que hace poca gente porque cuesta un esfuerzo.

Pero las anomalías diagnósticas no acaban aquí; hay un concepto interesante llamado *infección nosocomial*, definido como aquella patología que un paciente adquiere dentro de un hospital, es decir, no la tenía antes de ser ingresado. Pues bien, adivine usted cuál es la más frecuente: sí, la neumonía bacteriana. Es decir, ¿cuántos millones de personas que tenían patologías no relacionadas o traumatismos diversos por accidentes de todo tipo han sido ingresadas por culpa de esas PCR obligadas por los protocolos sanitarios en plantas COVID, y han acabado por coger lo que no tenían? Recordemos que el pánico que produce en alguien dar positivo en COVID-19 en el contexto pandémico reduce considerablemente sus defensas y deprime su sistema inmunitario. Todo estuvo perfectamente planeado para crear una *infodemia*, y una pandemia de casos ficticios o *casodemia*. Por eso, en muchas de mis intervenciones en los pocos medios de comunicación que nos lo permitían, decía yo, tratando de que el mensaje calara en la gente, que PCR era en realidad el acrónico de «Para Crear Rebrotes».

Muchos intentamos explicar esto durante esos años, mostrando evidencias, estudios, datos, estadísticas…; la respuesta de la mayoría de nuestros familiares, amigos y compañeros de trabajo fue de rechazo, ostracismo, discriminación y acoso sin ni siquiera escucharnos; estaban ya sometidos a la anomia, al sesgo cognitivo.

Pero la comunidad médica, de forma cómplice, dejó que el público creyera que cualquier neumonía sumada a una PCR positiva significaba estar contagiado de un virus nuevo llamado SARS-CoV-2, que todavía nadie ha aislado y cultivado correctamente hasta el día de hoy, ¿no es prodigioso? Para hacernos una idea, solo a la bacteria *Streptococcus pneumoniae* se la «responsabiliza» de alrededor de novecientos mil casos de neumonía en los Estados Unidos cada año, y puede ser muy grave, sobre todo, en ancianos y niños.

De este modo todo pasó a una sola denominación vía PCR. Todos los pacientes sumados que cada año enfermaban y morían por todas esas patologías se sumaron para engrosar los datos del pánico. Llegado ese punto es difícil de creer que los médicos del mundo no se dieran cuenta, sin duda lo vieron, pero solo el diez por ciento alzó la voz, siendo expedientados, despedidos, privados de sus licencias, denunciados y sometidos a *damnatio memoriae* para servir de escarmiento ante sus colegas; los cuales, muertos de miedo por perder sus trabajos, decidieron en masa mirar para otro lado, convirtiéndose en doctores *noquierolios*.

Cuando han querido bajar eso a lo que llamaban *incidencia acumulada* y que parecía la palabra de Dios porque, de acuerdo a ella, se podía implementar cualquier medida por ilegal que esta fuera, todo lo que hacían era bajar el número de pruebas PCR y de inmediato la pandemia mejoraba. Justo antes de Navidad y de Semana Santa, las dos fiestas cristianas por antonomasia, curiosamente los protocolos aumentaban el número de PCR y creaban una nueva ola imaginaria. Ya veremos que uno de los objetivos del globalismo es neutralizar a un poderoso enemigo potencial al que odia, el cristianismo.

Pero la *plandemia* seguía trabajando con grandes resultados efectuando profecías autocumplidas por los cambios de nombre de enfermedades y microbios, además de hacer enfermar a la gente por todos los medios encerrándolos en sus casas y amordazándolos con bozales que eran cultivos de toda suerte de hongos y bacterias fuera de su sitio. Uno de los factores importantes fue el evitar el efecto positivo de la vitamina D que el organismo genera a partir de la exposición al sol y al aire libre que los confinamientos dificultaban; fue sistemáticamente ocultado. Recuerde, la premisa de la industria médica globalista es sustituir todo lo gratuito y natural por algo caro y artificial.

Y ello incluye, por supuesto, a la luz del sol: la mejor fuente de vitamina D. La vitamina D regula el sistema inmune haciendo que la gente con déficit enferme de forma más grave. Ya se había demostrado que la vitamina D reduce el riesgo de contraer resfriado común, que mejora la inmunidad celular, modula la inmunidad adaptativa y la expresion de antioxidantes. Recordemos que el resfriado común, según dice la biomedicina oficial, lo producen sobre todo los rinovirus (más de ciento diez tipos) y los coronavirus (más de cuarenta y cinco). ¿Había más de cuarenta y cinco coronavirus distintos y nunca había oído usted hablar de ninguno antes de 2019? Es porque usaron el poder del singular que ya hemos visto: el coronavirus.

Básicamente la vitamina D ayuda a su organismo a absorber el calcio, principal componente de los huesos de los vertebrados como usted y como yo. Pero también juega un papel en el sistema nervioso, muscular e inmunitario.

El Dr. Marc M. Alipio publicó un estudio el 9 de abril de 2020 en un *pre print* científico cuya conclusión es: «Este estudio proporciona información sustancial a los médicos y los responsables de políticas de salud. La suplementación con vitamina D posiblemente podría mejorar los resultados clínicos de los pacientes infectados con COVID-19 en función del aumento de la razón de probabilidades de tener un resultado leve».

Pero otro estudio de Ola Ahmed El-Gohary, del Departamento de Fisiología Médica de la Universidad de Benha, en Egipto, publicado en 2017, introduce una variable inquietante; su título: «Efecto de las ondas electromagnéticas de los teléfonos móviles sobre el estado inmunitario de ratas macho: posible función protectora de la vitamina D».

CAPÍTULO 38
LA TEORÍA AMBIENTAL

«Nada es veneno, todo es veneno: la diferencia está en la dosis».
Paracelso

La publicación es clara: «Existe una preocupación pública considerable sobre la relación entre la radiación de los teléfonos móviles y la salud humana. El presente estudio evalúa el efecto del campo electromagnético (CEM) emitido por un teléfono móvil sobre el sistema inmunitario de ratas y el posible papel protector de la vitamina D».

Las ratas se dividieron aleatoriamente en seis grupos. Después de treinta días de tiempo de exposición, una hora al día, resultó que hubo una disminución significativa en los niveles de inmunoglobulina, IgA, IgE, IgM e IgG, recuento total de leucocitos, linfocitos, eosinófilos y basófilos, y un aumento significativo en los recuentos de neutrófilos y monocitos. Estos cambios aumentaron más en el grupo expuesto a dos horas por día. La suplementación con vitamina D en las ratas expuestas revirtió estos resultados. Concluyeron que la exposición a la radiación de los teléfonos móviles compromete el sistema inmunológico de las ratas y que la vitamina D parece tener un efecto protector.

No se financian estudios similares en seres humanos desde hace años, para crear esa «no evidencia» que después ellos mismos citan. Por supuesto que no hay evidencia de algo si no se estudia. «No hay evidencia» de que el autor de este libro no haya tenido una tórrida historia de amor durante años con la actriz Charlize Theron.

Desde el inicio de la pandemia se alzaron voces en todo el mundo culpando a las radiaciones electromagnéticas de todo tipo, como las llamadas 4G y 5G, de tener una correlación de síntomas y coincidencia geográfica con la COVID. Los estudios de epidemiología tienen una función muy simple, describir si en determinados lugares se dan brotes concretos que pueden o no coincidir con otros factores externos que podrían ser ese tóxico que andamos buscando. Pero hay algo que es difícil de entender, que, si hay una posible causalidad, esta no se investigue para averiguar si es verosímil o no lo es. Lo que me alarma es comprobar que este tipo de estudios parecen haberse convertido casi en tema tabú, y que tenemos que acudir a años anteriores para encontrar ciertos indicios interesantes. Que la radiación electromagnética creciente en nuestras vidas diarias puede tener efectos negativos para la salud es algo que pocos dudan, sin embargo, es preciso hacer estudios a nivel mundial que acoten la intensidad e importancia epidemiológica de tales efectos. Desde 1968, hay multitud de estudios sobre ello. Atribuir directamente a la radiación 5G ser el tóxico culpable del fenómeno COVID es algo que no me atrevería a asegurar, pero que tampoco se puede negar leyendo informes como los que vamos a ver. La pregunta es por qué no se aclara esto desde las autoridades sanitarias mundiales y de cada país, creo que la respuesta ya la sospechamos.

Hay sobrada evidencia científica, pero de la de verdad, de que la exposición a radiación electromagnética de más de 700 y de 3500 MHz, lo que se llama tecnología 4G y 5G, así como la tecnología inalámbrica *bluetooth*, puede provocar alteraciones orgánicas, celulares, del tipo estrés oxidativo severo, daño a las mitocondrias o genotoxicidad, que se pueden traducir en enfermedades neurodegenerativas, cáncer, alteraciones del sueño y reproductivas Muchos experimentos con animales así lo certifican.

El estudio «Biological effects from electromagnetic field exposure and public exposure standards», publicado en 2007 en *Biomed Pharmacother* por Lennart Hardell y Cindy Sage, es uno de ellos; nos dice que durante los últimos años ha habido una creciente preocupación pública sobre los posibles riesgos para la salud de los campos de frecuencia industrial, campos electromagnéticos de frecuencia extremadamente baja conocidos como ELF, y de las emisiones de radiación de radiofrecuencia microondas RF de las comunicaciones inalámbricas. Los efectos biológicos no térmicos, es decir, de baja intensidad, no se han considerado para la regulación de la exposición a microondas, aunque muchos informes científicos alertan de tales efectos. Los criterios de valoración de la salud asociados con ELF y RF incluyen leucemia infantil, tumores cerebrales, efectos genotóxicos, efectos neurológicos y enfermedades neurodegenerativas, desregulación del sistema inmunitario, respuestas alérgicas e inflamatorias, cáncer de mama, aborto espontáneo y algunos efectos cardiovasculares.

El informe concluyó que existe una sospecha razonable de riesgo basada en evidencia de efectos biológicos a niveles relevantes que, con exposiciones prolongadas, se puede suponer que tienen como resultado impactos en la salud. Debe adoptarse un límite de precaución para la exposición a RF acumulada en exteriores, y para los campos de RF acumulativos en interiores, con límites considerablemente más bajos que las pautas que hay ahora. Dado que el uso de teléfonos móviles se asocia con un mayor riesgo de tumor cerebral después de diez años, se justifica que se estudie esto con mayor precisión. Pero no se hace desde el oficialismo, es más, se burlan de ello y se tacha a quien lo mencione de conspiranoico, una palabra inventada por conspiradores. A ver si lo del gorrito de papel de aluminio va a acabar siendo también verdad.

Conocí personalmente a Bartomeu Payeras i Cifre en el World Freedom Forum que organizaron en la localidad de Sitges, en Barcelona, en junio de 2021, para juntar a los más destacados científicos y personalidades de la disidencia anti-COVID de todo el mundo. Nos reunimos tres días en un lugar histórico, el mismo hotel Dolce Sitges donde, justo once años antes, se había celebrado la reunión del Club Bilderberg con un centenar de los más destacados líderes económicos y políticos del mundo. Bartomeu es biólogo por la Universidad de Barcelona, especializado en microbiología; desarrolló una labor de investigación sobre el «virus» de la viruela. En 1974, creó el Departamento de Microbiología Marina del Laboratorio Oceanográfico de Palma de Mallorca, en España. Comenzó a estudiar la posible relación epidemiológica entre el 5G y la COVID-19 nada más empezar la pandemia, y las conclusiones de su estudio son dignas de tenerse en cuenta. Él lo llama *teoría ambiental,* y la publicó en abril de 2020, aunque la sigue actualizando.

Sostiene Payeras que las causas de COVID-19 son externas, físicas o ambientales, además de artificiales, controladas y planificadas. «Observé algo extraño», dijo con vehemencia, y me cuenta cómo se fijó en que había países colindantes en la misma latitud, pero con una gran diferencia de incidencia de COVID-19. Siempre manejando cifras oficiales y publicadas, comprobó que los países más afectados coincidían con los que habían implantado la tecnología 5G comercial. Después, calculó la probabilidad matemática de que esto ocurriera por casualidad, y encontró que era de una entre cientos de millones. La incidencia del supuesto virus parecía tener, además, lo que Bartomeu llama *efecto frontera*, es decir, a uno y otro lado de los límites de países anexos las cifras eran muy dispares, y directamente proporcionales a las redes electromagnéticas implantadas en cada uno de ellos. Créame el lector que tras escucharlo explicándolo más de una hora en el Forum de Sitges queda uno más que convencido. Se aprecia muy bien en el caso de África, donde el país con mayor incidencia de la pandemia fue Sudáfrica, incluso con su propia «variante», justo el único que tenía implantado el 5G. Este efecto frontera también se comprueba perfectamente en Estados pequeños como Singapur, que, con cien por cien de cobertura 5G, presenta índices de contagio dieciocho veces mayores que Malasia, que no tiene 5G y está al lado. Lo mismo lo observó en San Marino, comparándolo con la colindante Italia.

La teoría de Payeras salta a la vista en los mapas que muestra. Uno de los casos que corroboró su tesis fue Suiza, donde el Gobierno, a petición popular, decretó una moratoria 5G en abril de 2020 desconectando literalmente estas redes. Lo que ocurrió fue inmediato, el incremento de la incidencia acumulada en Suiza los meses siguientes fue de 7,7 % mientras la media de los veinte países que la rodean fue de 48,56 %.

El bombardeo de datos, siempre oficiales, que compara Bartomeu es epidemiológicamente indiscutible; las empresas implicadas, las autoridades de los países y la OMS deberían dar una explicación a la población de por qué ocurre esto, para descartarlo o confirmarlo; pero el silencio al que estamos asistiendo no es una opción científicamente aceptable. Aquí no vale decir «Me lo creo» o «No me lo creo», lo que la humanidad debe exigir son estudios globales financiados con dinero de todos que nos ofrezcan garantías.

Payeras también sugiere que las vacunas de la gripe y contra la COVID podrían introducir en la gente partículas metálicas capaces de interaccionar con estas redes electromagnéticas. Todo lo acaecido en los dos años transcurridos desde que

Payeras formuló su hipótesis la confirma. En marzo de 2022, por ejemplo, un brote en Hong Kong que nadie parece explicarse coincidió exactamente con una ampliación de las redes electromagnéticas. Esta teoría coincide también con que el SARS-CoV-2 sería un exosoma quimera artificial dotado de la proteína *spike* como tóxico que es capaz de haber iniciado todo el proceso que condujo a la inoculación masiva.

Payeras describe tres olas en la pandemia en España, aplicables en las mismas condiciones al resto del mundo de acuerdo con los diferentes calendarios de implantación de estas redes. La primera, en febrero y marzo de 2020, con la puesta en servicio de la primera fase de 5G NSA. La segunda ola, en noviembre y diciembre de 2021, con la implementación de la segunda fase 5G SA, y la tercera, en la segunda mitad de 2022, con el increíble despliegue de la 5GmmWave de 26 GHz.

Esta tercera coincidirá con la salida de este libro, y será, sin duda, el mayor despliegue jamás visto en la Tierra de redes electromagnéticas integradas en nuestras vidas sin posibilidad de escapar de ellas. Cualquier ciudadano de Europa y gran parte del llamado primer mundo puede apreciar ya en sus poblaciones una serie de dispositivos que se están instalando en farolas, semáforos, postes de todo tipo, vallas publicitarias, paradas de autobús y metro, o mobiliario urbano por todas partes. Son las llamadas *small cells*. Esta banda milimétrica es equiparable a la fibra óptica. Los móviles actuales ya pueden utilizar esta tecnología que está implantada en algunas partes de Estados Unidos e Italia.

Lo más curioso, denuncia Bartomeu, es lo solícitos que son los Gobiernos con estas compañías. En el caso de España, por ejemplo, el Gobierno ha aprobado la nueva Ley General de Telecomunicaciones en 2022 que supone un cheque en blanco a las corporaciones que implementan estas tecnologías, de tal suerte que podrán instalar estas microantenas donde quieran sin pedir permiso expreso, sin comunicarlo ni siquiera a los ayuntamientos y sin pagar ningún impuesto en absoluto por ello. Los ciudadanos, acostumbrados a que les pongan impuestos por absolutamente todo, desde las sillas de sus terrazas en las calles hasta la televisión de su bar, deberían extrañarse de por qué a estas megacompañías se les permite invadir el mobiliario urbano de forma gratuita y sin rendir cuentas ni siquiera a los Gobiernos.

Todo esto se firma y se ejecuta mientras la gente está distraída con la guerra de Ucrania, con el cambio climático o con problemas aumentados por las televisiones que hacen de cortinas de humo, de tinta de calamar, para que nadie repare que la almadraba que nos tienden se está cerrando a nuestro alrededor. Por supuesto que inventan excusas que suenen bien, como que estas redes ayudarán a funcionar a los vehículos eléctricos autónomos.

Todo lo que sean combustibles fósiles suponen libertad para el ser humano, un motor de explosión clásico puede funcionar hasta con agua o peladuras de patata manipulándolo convenientemente. Pero cuando todos los vehículos sean eléctricos, viviremos en una inmensa pista de coches de choque que el dueño puede parar cuando quiera. Los vehículos eléctricos no solo son mucho más contaminantes que los convencionales, cuando se tiene en cuenta la fabricación de la enorme batería, sino que son extremadamente controlables desde fuera para quitar autonomía a las personas. Créame que, si no lo evitamos, llegará un momento en el cual una persona sin la pauta completa de sus inyecciones génicas no podrá hacer funcionar su coche eléctrico porque este no arrancará al detectar que su dueño es un mal ciudadano, ese es el futuro al que nos conducen, por supuesto, siempre por nuestro bien.

Poco a poco van dando pasitos hacia ese panorama llamado Agenda 2030, que no es sino el control absoluto de la población.

CAPÍTULO 39

EMPRESAURIOS

«Hay una guerra de clases, pero es mi clase, la de los ricos, la que está haciendo la guerra, y la estamos ganando».
Warren Buffet

Al momento de escribir este libro, los datos oficiales dicen que en España se han inoculado estas sustancias génicas de ARN mensajero sintético en fase experimental el noventa por ciento de la población, pero los datos mundiales no son tan halagüeños para las grandes empresas farmacéuticas inoculadoras y sus amos globalistas. Según *Our World in Data*, en marzo de 2022 solo el cincuenta y ocho por ciento de la población mundial ha recibido ese concepto siniestro llamado *pauta completa*; la pauta nunca será completa porque pretenden inyectar cosas a la gente al menos tres o cuatro veces al año durante toda su vida.

El fin último es que esas dosis anuales figuren en un expediente sanitario digital que cada persona porte en un dispositivo dentro de su cuerpo o en su teléfono móvil, junto con sus datos bancarios, su huella de carbono y sus costumbres, que serán divididas en buenas o malas para el planeta. Aquellos ciudadanos que se porten bien de acuerdo con las reglas impuestas conservarán sus puntos teniendo acceso a los servicios de todo tipo, desde cargar su vehículo eléctrico hasta poder viajar en aviones y trenes, comprar en los mejores establecimientos de restauración, tiendas, o acceder a trabajos como funcionarios, profesores, médicos, biólogos…

Ese sistema de puntos, a los que voy a llamar *globalitos*, pero que no tenga usted duda de que le pondrán un nombre mucho más atractivo, permitirá recargarlos cuando el ciudadano acumule buenas costumbres globalistas, pero le serán detraídos cada vez que tenga la osadía de tratar de ser libre. Ya podemos irnos olvidando de, por ejemplo, levantarnos un viernes, mirar que hace buen tiempo y telefonear a un amigo que vive en la playa para decirle: «¿Oye, me invitas a tu casa este fin de semana?». Y tomar nuestro vehículo para hacer cuatrocientos kilómetros de ida y otros tantos de vuelta en tres días. El contador de *globalitos* se le pondrá a cero por coger su coche con un solo pasajero, recorrer ochocientos kilómetros en total solo para tomar cervezas, *gin-tonics*, comer una paella en la playa y volver. Simplemente el vehículo no arrancará al conocer sus planes por el navegador obligatorio, quedará bloqueado por esas actividades que exceden su huella de carbono mensual al ser un vehículo eléctrico monitorizado.

Tampoco podrá hacer nada si le falta una dosis de soma vacunal, su tarjeta de crédito inserta en su código personal quedará bloqueada también. Tampoco podrá tener tres hijos si le da la gana, y menos llevarlos a un colegio que le gusta al otro lado de la ciudad, y todavía menos si es porque es un colegio católico.

Cuando, al leer todo esto, le den ganas de esbozar una sonrisa de incredulidad, piense en lo que vivió en 2020, y reflexione si lo hubiera creído si se lo cuentan en 2018.

Lo mejor de todo es que los autores de todo este plan no lo ocultan, lo declaran en conferencias, páginas web, entrevistas, etc. desde hace años. En aquel Forum de Sitges estaba también una de las personas que más sabe de esto en el mundo, Cristina Martín Jiménez.

«Aquí mismo estuvieron», me dijo, mirando con intensidad al inmenso hotel Dolce Sitges donde nos encontrábamos. Ella es doctora en Comunicación y Periodismo, e hizo su tesis doctoral sobre el Club Bilderberg, obteniendo un *cum laude* al ser la primera vez en el mundo que se analizaba este extraño grupo de personas metapoderosas que ya nadie cree que se reúnan casi cada año para hablar del tiempo, o quizá sí, porque tiempo es lo único que no pueden comprar. Yo los llamo *empreSaurios*; por eso, sin duda, estábamos tomando una cerveza en el bar de Jurassic Park, y se me apareció una vez más la cara del actor Jeff Goldblum interpretando al Dr. Ian Malcolm.

Desde antes de 2005, la Dra. Martín Jiménez predijo que una gran pandemia podría ser parte del plan de estas élites globalistas a las que estudia, lo cual le costó que su libro *Los amos del mundo* fuera secuestrado durante siete años. Ella es ahora una de las principales activistas contra esta *plandemia*, lo que nos ha llevado a entablar una amistad a base de encontrarnos en manifestaciones, conferencias y eventos de todo tipo en pro de la libertad de los pueblos. Ella me contó que la expresión «teoría de la conspiración» fue creada por la CIA en el documento número 1035-960 fechado el 1 de abril de 1967; fíjese usted si llevan tiempo planeando cómo neutralizar a los que descubran el cáliz de verdad.

El Club Bilderberg, que se llama así por el hotel en el que se celebró la primera reunión en 1954, es una convención anual que organizan los mayores magnates del mundo para decirles a los políticos, miembros de casas reales, militares, jefes de inteligencia, directores de medios de comunicación importantes, algunos científicos y personas influyentes, en general, cuáles son sus planes para un futuro inmediato. Se reúnen en torno a ciento treinta personas. Es la alianza más poderosa de la Tierra. Unos son los miembros y otros son los invitados, que varían cada año y que no necesariamente participan de esas intenciones; de hecho, si me invitaran, iría sin pensarlo para verlo desde dentro, y eso no me convertiría en uno de ellos. Para Cristina, «el mundo tal y como está establecido hoy en día es obra de Bilderberg».

En el nacimiento de todo ello está el que para Cristina es el hombre más oscuro de los siglos XX y XXI, Henry Kissinger; nacido en Alemania en 1923, aunque de nacionalidad estadounidense, tiene ahora la friolera de 99 años, y fue secretario de Estado durante dos mandatos en Estados Unidos, consejero de Seguridad Nacional y la persona más influyente de ese país, se llamara como se llamara su cargo. Recibió el Premio Nobel de la Paz en 1973 por conseguir un armisticio temporal en una guerra que él mismo había propiciado, la de Vietnam, y cuando se lo quisieron quitar dijo que no. Kissinger da para siete libros él solo, pero basta con que sepamos que estuvo detrás de cuantos conflictos, dictadores, golpes de Estado y guerras hubo durante su larga influencia.

Él organizó, por ejemplo, la famosa Marcha Verde para el rey Hassan II de Marruecos, que consiguió arrebatarle la provincia del Sáhara Occidental a España en 1975; movilizaron a unos cuatrocientos mil civiles, con mujeres, ancianos y niños, lanzándolos contra los militares españoles que no pudieron disparar contra personas indefensas y cedieron; esto pasó con Francisco Franco ya enfermo. Cuarenta y siete años más tarde, en 2022, el presidente del Reino de España, Pedro Sánchez, aceptó la propuesta de Marruecos que *de facto* significa que el Sáhara pasa a ser suyo ante el escándalo de su propio Gobierno y la oposición. Es solo un ejemplo de cómo se mueven los hilos, para que el lector deje de creer que lo que ocurre en el mundo son sucesos casuales fruto de múltiples tensiones con diversidad de orígenes; no es así, hay planes, y los diseña en su mayor parte el Club Bilderberg. No hace falta precisar que SARS-CoV-2, el fenómeno COVID-19 y toda la trama de ciencia ficción que estamos desvelando en este libro no se deben a que un chino se quiso tomar un caldo de pangolín. Los asiduos a estas reuniones desde su fundación han sido muchos, pero quizá nos suenen David Rockefeller (el padre de todo), el príncipe Bernardo de Países Bajos, Gerald Ford, Bill Gates, George Soros, Jeff Bezos, Carlos de Inglaterra, Bill y Hillary Clinton, Tony Blair, Margaret Thatcher, Javier Solana y, por supuesto, Henry Kissinger.

Pero fue en 1947 cuando Kissinger, entonces secretario de Estado con el Gobierno del presidente Nixon, escribió un informe que nos atañe desde entonces; en él figuran las intenciones del plan general en el que aún estamos inmersos. El mundo vivió entonces una explosión demográfica sin precedentes, sobre todo en Asia y en África, que alertó a los oligarcas occidentales: mucha gente, recursos limitados. El informe de Kissinger ponía el énfasis en que el llamado tercer mundo se estaba llenando de gente a la cual es posible que les dé por pensar, votar y dejar sin materias primas a los Estados Unidos y su anglosfera tras terminar el colonialismo propiamente dicho. Consideró necesario promover la esterilización, además de la anticoncepción y el aborto. Para ello, nada mejor que promocionar alternativas a la familia tradicional, en el marco de la cual a la gente le daba por tener demasiados hijos a pesar de ser pobres, o precisamente por eso, pues en esos países los hijos son un seguro para la vejez de sus progenitores porque se ocuparán del negocio familiar, cuidarán los campos y el ganado, o trabajarán desde niños para ayudar cuando las fuerzas les falten.

En el llamado primer mundo había que hacer lo mismo, pero con la excusa de integrar a la mujer en el mercado laboral como fuera, para alejarla de las tentaciones reproductivas. El modo de conseguirlo era el consumismo frenético; conseguir que bajaran los sueldos con el fin de que a las familias les hiciera falta tener a sus dos progenitores trabajando a la vez para conseguir electrodomésticos, coches, casas, moda y cada vez más medicinas. Así se les quitarían las ganas de tener seis o siete mocosos que querrían ir a caras universidades algún día. Nació de este modo la «planificación familiar», un eufemismo típico del globalismo. En la IV Conferencia Mundial de Población que tuvo lugar en El Cairo en 1994, basándose en el Informe Kissinger, se cerraron filas sobre lo que ahora conocemos como «control de la población», eugenesia y globalismo. Para entonces ya sabían de sobra de la importancia de ponerle a todo nombres biensonantes, de la influencia de las palabras que tanto hemos desglosado en este libro; por eso empezaron a manejar términos como *igualdad*, *salud reproductiva*, *derecho a decidir*, *educación sexual*, etc.; pero, como siempre, sin respetar los conceptos aparentemente justos que sugieren, sino utilizándolos para su fin último: reducir la población del mundo como fuera.

Los datos, una vez más, no secundan la idea de que los recursos de la Tierra se agotan, ni que la población mundial es excesiva; simplemente no es cierto, aunque han conseguido que esta idea se implante en todos nosotros a través del cine y las series. La eficiencia técnica de los cultivos, la pesca y la ganadería los convierten ahora en cien veces más productivas de lo que fueron jamás.

Bilderberg ha hecho popular su proyecto, al que llama Nuevo Orden Mundial, NOM; cualquiera puede oír cómo lo mencionan sin parar sus propios medios de comunicación comprados, para hacer que nos vayamos acostumbrando a la idea. NOM y Agenda 2030, cuyo lema es «No tendrás nada, pero serás feliz».

Se trata de que el mundo se convierta en un único Estado regido por entidades supranacionales, como la ONU, la OMS, el Banco Mundial…, a los que, por supuesto, controlarán ellos de forma vitalicia y sin haber sido elegidos por nadie. Para conseguir este sueño grotesco necesitan primero demoler las bases de las identidades de los pueblos de la Tierra, empezando por el individuo, pasando por las nacionalidades, las religiones, la familia, y acabando por la propia esencia de nuestro ADN. Sí, porque este no era un libro de virus, sino de genes, que es lo que pretenden alterar con las inyecciones. Los planes de las élites necesitan primero someter a la humanidad a base de miedos: pandemias, guerras nucleares, emergencias climáticas, hambrunas, pobreza y apocalipsis varios. Llevan años financiando las campañas políticas de los líderes de todo el mundo, colocan a sus peones a la cabeza de los países, casi todos los presidentes de Estados Unidos han tenido relaciones con Bilderberg, y, por supuesto, títeres como Macron, Troudeau, Sánchez y los que vengan son sus cachorros, son los que están implementando leyes por debajo de la mesa mientras nos mantienen distraídos luchando contra las causas románticas que ellos inventan para nosotros. Todo, claro, con la inestimable ayuda de sus medios de comunicación a nivel mundial, que son los grandes, sin excepción.

El globalismo financia al partido de gobierno y a los de la oposición en todos los países; los ciudadanos creen que eligen, pero en realidad ellos ganan siempre; salvo que aparezca alguien que se salte el guion, como ocurrió con Trump o Putin, en cuyo caso ponen todos sus medios para acabar con ellos, como se ha visto perfectamente.

Por supuesto, la propiedad y el dinero van a desaparecer para el pueblo, lo mismo que la soberanía alimentaria y energética. Llevan años de campañas mundiales para arruinar a los agricultores, a los pescadores, a los ganaderos, a los cazadores, a los recolectores de plantas medicinales, a los artesanos... Son colectivos peligrosos porque podrían autoabastecerse o crear comunidades que caigan en la tentación de rebelarse. Alguien capaz de zarpar con su barquito y traer pescado a su pueblo es un peligroso subversivo; alguien que pueda sacar de unas tierras cereales, legumbres, frutas, aceite... es una amenaza; personas preparadas para criar reses, ovejas, cerdos..., no, ellos quieren que los alimentos, el agua, la energía y el territorio sean de su propiedad.

En una ocasión en el Parque Nacional de Tsavo, en el este de África, estábamos buscando leones para filmarlos, llevábamos muchas horas sin ver ni uno. Estos animales, a pesar de ser de buen tamaño y moverse en grupos a menudo bastante grandes, son muy difíciles de ver cuando están tumbados durmiendo, lo cual hacen veinte horas cada jornada, sobre todo cuando hace calor y es de día. Por la noche, mientras estaba sentado en el fuego con una cerveza Tusker en una mano y mi pipa en la otra, se acercó uno de los conductores, que era hombre de sabana, y me dijo: «*Bwana*, busque donde mira *twiga* para encontrar a *simba*».

Al día siguiente, en lugar de dejarnos los ojos tratando de descifrar si cada piedra ocre era un *simba* dormido, decidí seguir su consejo y empecé a fijarme en las cabezas de las jirafas, *twiga*, que se distinguen a más de un kilómetro. En efecto, cuando uno ve que un grupo de jirafas mira constantemente a un punto concreto del suelo, significa que allí hay algún depredador, y seguramente son leones, que son los que más les preocupan a las cuellilargas. Desde entonces, cuando algo es muy difícil de averiguar, o me ocultan datos deliberadamente, o trato de encontrar intenciones ocultas, busco «hacia dónde miran las jirafas».

Pues bien, cuando leo que Bill Gates se ha convertido en el mayor propietario de tierras agrícolas en Estados Unidos tras adquirir doscientos cuarenta y dos mil acres en dieciocho estados de forma discreta, estoy viendo hacia dónde miran las jirafas, y me imagino lo que pretenden. Si después invierte millones en crear empresas para hacer hamburguesas de insectos y vegetales, no hace falta ser un *twiga* para adivinar lo que va a ocurrir.

En general, pararse a observar «hacia dónde miran las jirafas» es muy útil en la lucha contra el globalismo. Si uno quiere encontrar a un biólogo o un médico honrados, basta con buscarlos entre los que han sido tachados de «antivacunas» o atacados sin piedad; si lo que se busca es un medicamento o tratamiento eficientes, lo mejor es mirar entre los que van prohibiendo los protocolos hospitalarios. Todo aquello sobre lo que ponga su atención la jirafa globalista para acabar con ello es digno de ser apoyado, y viceversa, cuanto ellos promocionen es, sin lugar a dudas, algo que nos va a arruinar la vida tarde o temprano.

CAPÍTULO 40

LOS BUITRES DE ROCANEGRA

«El capital no es un mal en sí mismo,
el mal radica en su mal uso».
Mahatma Gandhi

Pero el Nuevo Orden Mundial huye de que sepamos sonoros nombres concretos como Gates, Soros o Rockefeller, que suenan a película mala de conspiraciones, y tiende a anonimizar a los magnates *filantropófagos* al uso, creando algo mucho más complejo como son los bancos no regulados en la sombra o fondos buitre. Despersonalizar a los actores del saqueo del mundo contribuye a la mayor confusión de la gente, que se pierde en un entramado de emporios, fundaciones y ONG con nombres rimbombantes que no se pueden identificar fácilmente porque escapan a los obsoletos sistemas legales antimonopolios de todo el mundo.

Si existe una entidad que ha obtenido beneficios del fenómeno mundial llamado COVID-19, esa es BlackRock. No me diga que llamarse Rocanegra no le da un toque melodramático adicional a lo que es ya de por sí una enorme tragedia.

Desde el casi absoluto anonimato, sin que la gente del mundo, en su inmensa mayoría, haya oído nunca hablar de Rocanegra, esta corporación es actualmente copropietaria de dieciocho mil bancos y empresas en todo el mundo, pero sobre todo en Estados Unidos, la Unión Europea, Reino Unido y Canadá. Es la principal, pero hay otros fondos de inversión desmesurados, como Vanguard, State Street, Capital Group, Amundi, Fidelity, Wellington o Norges.

BlackRock tiene su central en Nueva York, pero la sede legal de la empresa está en un pequeño estado muy curioso llamado Delaware, que poca gente sabe que es el mayor refugio financiero del mundo, creado precisamente para hacer desde allí lo que están haciendo para conseguir el Nuevo Orden Mundial.

Delaware tiene una legislación laxa que no la hubiera mejorado ni el mismísimo Barbanegra; si buscan a Jack Sparrow, seguro que vive allí; los más bajos impuestos sobre las ganancias, la transparencia financiera de un bloque de cemento, además de toda una serie de requisitos de responsabilidad para las empresas casi inexistentes. Allí estuvo en los años veinte del siglo XX la corporación DuPont, especializada en productos farmacéuticos y armamento, incluso antes de que fueran casi lo mismo. En principio, este nido de honradez y ética se creó exclusivamente para las empresas norteamericanas, pero un movimiento magistral tras la Segunda Guerra Mundial metió a Delaware en nuestras vidas hasta ahora. Cuando se fundó la actual República Federal de Alemania, los norteamericanos, que habían ganado la guerra junto a los aliados, muy ladinos, firmaron con el canciller Konrad Adenauer el Tratado de Amistad Germano-Estadounidense, en el cual, en la letra pequeña, ponía que a partir de entonces las empresas de USA podían operar en Alemania bajo las leyes del paraíso fiscal de Delaware. Jugada maestra.

En los años 80, un tal Laurence Fink, junto con el Bank First Boston, fue uno de los fundadores de una firma de capital privado llamada Blackstone, que en 1988 se transformó en BlackRock. BlackRock fue asesor del presidente Barack Obama y lo es del ancianito Joe Biden; también asesora a la Reserva Federal de Estados Unidos, decidiendo qué bancos o compañías de seguros serán rescatadas y cuáles no; también ha sido asesor del Banco Central Europeo y de la Comisión Europea. BlackRock a día de hoy está sin regular porque no es en realidad un banco al uso, aunque actúe como tal, y ningún político europeo ni norteamericano se atreve a meter la mano en ese avispero, porque saben que todos esos magnates *muchimillonarios* que hemos mencionado y muchos otros están dentro. Los llaman UHNWI, que significa «Personas con patrimonio ultraalto».

No perdamos de vista que hablamos de una corporación privada, privadísima, que decide en todos esos estamentos y en los que le voy a contar. Desde la gran crisis económica de 2008, BlackRock, como banco en la sombra no regulado, creció desmesuradamente haciéndose copropietario de Amazon, Google, Microsoft, Facebook y Apple. Su volumen supera los ocho billones de dólares, y opera de una forma muy curiosa: en lugar de poseer la totalidad de grandes empresas, lo que hace es comprar entre un tres y un diez por ciento…, ¡pero de todas! De esta forma, a base de entrelazar intereses, crea una suerte de propiedad cruzada que le concede un poder casi absoluto, porque está en todas las reuniones de accionistas y sabe antes que nadie los movimientos de todas ellas con el tiempo suficiente para influir en unas a través de las otras, coordinando estrategias y a su vez determinando decisiones en los órganos supranacionales de los que dependen nuestras vidas cada día.

Semejante poder no debería estar permitido, por eso no quieren que usted lo sepa. Lo llaman *multipresencia*, pero yo lo llamaría *omnipotencia*. Laurence Fink, el director ejecutivo y CEO de BlackRock, aunque usted no haya oído su nombre jamás, es la persona probablemente más poderosa del mundo.

Todos los directivos y exdirectivos de la corporación, mediante la más gigantesca puerta giratoria de la Tierra, pertenecen o han pertenecido a los más importantes Gobiernos del mundo, al Banco Mundial, al Foro de Davos, a la ONU, a la OMS y a todos los organismos que pueda usted imaginar; desde luego, incluidas las empresas farmacéuticas que fabrican y venden las falsas vacunas COVID, los test PCR, los de antígenos, las mascarillas, los aparatos de análisis clínicos, los laboratorios biológicos, las empresas de seguros, los hospitales y los contratos gubernamentales para la atención médica. Los mayores bancos, las más importantes petroleras, agroindustriales, alimentarias, ingeniería, defensa, logística, aéreas, digitales y de comunicación…, todas son en parte de BlackRock. El bar de usted, no.

Cuando pase algo en el mundo, sean guerras, pandemias, migraciones o campañas de lo que sea, puede usted seguir pensando que ocurren de forma fortuita debido a una diversidad de intereses y tendencias libres de diferentes Estados, ideologías o religiones, o puede unirse a mí en la certidumbre de que todo está planificado de antemano. ¿Quién le pone el cascabel a este buitre?

Y por supuesto, como veníamos de la importancia de la soberanía alimentaria de los pueblos, los cultivos, la ganadería y la pesca, sepa usted que BlackRock es el principal accionista de los dos imperios agroquímicos que Pasteur hubiera soñado con dirigir: la alemana Bayer y la estadounidense Monsanto, que están en proceso de fusión. Ambas ostentan el liderazgo mundial del tráfico de semillas patentadas, transgénicas casi todas; los pesticidas e insecticidas; los fertilizantes; todas las patentes agrícolas del planeta; piensos, y cuanto cualquiera que quiera hacer algo con la tierra pueda imaginar. ¿Sigue usted pensando que es conspiranoico creer que nos manejan después de lo que le estoy contando?

No hay absolutamente nada que podamos hacer desde que nos levantamos hasta que nos acostamos que no le pertenezca a BlackRock, salvo cuidar nuestras almas y usar nuestros cerebros para decir: «¡Basta!».

Por si le queda alguna duda, BlackRock también controla la mayor fuente de información de la economía occidental, que recopila los datos económicos, sociales y políticos del mundo, llamada Aladdin.

El doctor Werner Rügemer, economista, filósofo y escritor alemán, y sus veinticuatro libros son la fuente principal de lo que les he contado, pero él va más allá y habla de «irresponsabilidad organizada»; asegura que BlackRock con sus prácticas fraudulentas empobrece a los Estados, hace decaer las infraestructuras públicas en favor de las privadas, contribuye a la bajada de salarios, los alquileres en alza, las condiciones de trabajo precarias, impide las innovaciones y «pone en peligro la supervivencia de la humanidad». Añade que utiliza los rearmes, las intervenciones militares y las guerras como fuentes de ganancias. Que, además, interviene en el llamado *Great Reset*, que sería una renovación del capitalismo a través de la excusa de los asuntos ambientales y climáticos, el nuevo capitalismo ecológico, el enjuague verde o *Green* Washing; pero, sobre todo, y lo que es una de las claves de este libro, provoca que la mayoría de la población mundial tenga cada vez menos peso en las decisiones de los partidos y los Gobiernos cómplices.

BlackRock es, por último, el principal accionista de Pfizer y de la revista médica más importante del mundo, en la cual todo lo que se publica es como si fuera la palabra de Dios, *The Lancet*; cuyo redactor jefe, el médico Richard Horton, escribió en 2020 en un libro suyo algo que pone los pelos de punta. Pronosticaba el advenimiento de una nueva era, a la que llama *biocracia* o *gobierno de las ciencias biológicas*, a través de un nuevo contrato social entre los biólogos y los Gobiernos para vivir en un estado de alerta permanente.

¿Todavía no es usted negacionista? Espere a leer lo que sigue.

CAPÍTULO 41

VACUNA MATATA

«Donde hay adoración de animales, hay sacrificios humanos».
G. K. Chesterton

En el idioma suajili hay una frase muy común que era solo conocida en el este de África, hasta que Disney hizo una canción con ella en la película de animación *El Rey León*. El original es *Hakuna matata*, que vendría a decir «No pasa nada». En 2021, hice un vídeo que se hizo viral, nunca mejor dicho, sustituyendo *hakuna* por *vacuna*, porque ese «No pasa nada» debería ser el lema de la OMS. Después, esta expresión fue utilizada en todo el mundo con este contexto.

Empezamos este libro contando erróneamente cromosomas humanos con Painter en 1921; su error en algo tan sencillo permaneció treinta años sin que la sacrosanta comunidad científica se diera cuenta; eso significa que hasta hace solo sesenta y siete años ni siquiera sabíamos que nuestros cromosomas eran veintitrés pares. En una analogía que se suele utilizar con los alumnos de biología, esos serían los veintitrés capítulos del libro de nuestro genoma. Cada uno de esos capítulos contiene varios miles de historias llamadas *genes*. A su vez, cada cromosoma está constituido por dos largas cadenas de lo que llamamos ADN. Para que se haga una idea, todos los cromosomas de una sola de sus células puestos en fila ocuparían la longitud de dos metros, lo cual significa que todos los cromosomas de todas las células de usted abarcarían 160.000 millones de kilómetros.

Pues bien, después de todo lo que hemos visto, con el miedo metido en toda la humanidad y tras solo dos meses de ensayos, la industria farmacéutica triunfante presenta en 2020 las esperadas vacunas que llevan un año diciendo que son la única solución para un problema que ellos mismos han creado. Pero, además, nos dicen a bombo y platillo que son vacunas hechas con una nueva tecnología que nunca ha sido probada en seres humanos, que ya no son las clásicas de virus atenuados; esta vez van a usar ARN mensajero, para más inri, sintético. Es decir, ante una supuesta emergencia global nos quieren convencer de que es el mejor momento para hacer experimentos en lugar de usar lo de siempre. Ni que decir tiene que lo vendieron como una «asombrosa colaboración entre empresas biofarmacéuticas de todo el mundo» en un alarde de compenetración científica nunca visto y con una generosidad sin parangón. Lo cierto es que presentan unos ensayos precipitados y amañados, con voluntarios seleccionados fuera de los grupos de riesgo, y consiguen obtener en tiempo récord sus EUA, que significa *Emergency Use Authorization*, *autorización* de uso de emergencia, que no es una *aprobación*. De nuevo, las palabras, la gente ha estado dos años confundiendo *autorización* con *aprobación*. La segunda es la que obtienen todos los medicamentos normales, lleva años de pruebas y es permanente; la primera es temporal y se consigue bajo dos premisas: que haya una emergencia y que no haya otro medicamento que cure la patología de dicha emergencia.

La emergencia o *casodemia* la crearon ellos, como ya hemos visto, a base de PCR a cerca de 40 ciclos, y sí que había medicamentos que funcionaban, como la hidroxicloroquina y la ivermectina, pero fueron prohibidos por los protocolos ante el asombro de los médicos que las habían probado con enorme éxito. Curiosamente estos médicos estaban fuera del sistema corrupto de los grandes hospitales, trabajaban en África, Suramérica y en lugares lejanos donde podían usar lo que les diera la gana. Todavía hoy, África está libre de COVID, sin vacunar y gracias a estos medicamentos.

Por tanto, las EUA temporales a estas nuevas «vacunas» jamás debieron ser concedidas. Pongo el énfasis en la palabra *temporal*. Cualquiera que haya firmado contratos en su vida sabe que, cuando la otra parte lo conmina a firmar un documento con mucha prisa o emergencia, es casi seguro que hay gato encerrado.

Mientras tanto, todas las televisiones del mundo seguían con su campaña de propaganda utilizando sin cesar el verbo *inmunizar* como sinónimo de *vacunar*, cosa que no decían ni siquiera los prospectos de las propias marcas. Hablaban de efectividades por encima del noventa por ciento, que se trataba, en realidad, de lo que se llama *efectividad relativa*, un concepto estadístico que jamás se puede presentar si no es junto a la efectividad absoluta, que es la que más se acerca a la realidad. Haciendo creer a la gente que, de cada cien personas que se vacunaran, unas noventa y siete quedarían inmunizadas. La efectividad real absoluta de todas las inyecciones génicas rondaba el uno por ciento; en el caso concreto de la de Pfizer-BioNtech, para que una sola persona pudiera obtener una leve mejora si enfermaba gravemente, había que inocular a ciento diecisiete; pero todas ellas, las ciento dieciocho, quedarían expuestas a los efectos adversos graves y letales de un 4,6 %. Insisto, todo esto, según lo que la propia Pfizer publicó y que parece que casi nadie leyó. La gente, asustada, se dejó llevar por lo que oía en las televisiones, que eran absolutos bulos científicos.

Fui de los primeros en el mundo en analizar con detalle para varios medios de comunicación alternativos lo que las propias firmas farmacéuticas presentaron para obtener las EUA de las agencias de regulación de medicamentos de Europa y Estados Unidos. Pfizer, en su propio pliego oficial titulado «Vaccines and Related Biological Products Advisory Committee Meeting December 10, 2020 FDA Briefing Document Pfizer-BioNTech COVID-19 Vaccine», decía textualmente lo siguiente refiriéndose a los ensayos para conseguir la EUA:

> «Las reacciones adversas graves ocurrieron en el 0,0 % al 4,6 % de los participantes, fueron más frecuentes después de la dosis 2 que después de la dosis 1».
>
> «El 4,6 % de reacciones adversas graves fueron **en los participantes más jóvenes**».
>
> «Basado en la totalidad de la evidencia científica disponible, **es razonable creer** que la vacuna Pfizer-BioNTech COVID-19 **puede ser efectiva** para prevenir el COVID-19 en personas de 16 años de edad o mayores».
>
> «Los beneficios conocidos y potenciales de la vacuna Pfizer-BioNTech COVID-19 superan sus riesgos conocidos y potenciales para su uso en personas de 16 años o más».
>
> «No existe una alternativa adecuada, aprobada y disponible al producto para diagnosticar, prevenir o tratar la enfermedad o afección».
>
> «Si se cumplen estos criterios, según una EUA, la FDA puede permitir que se utilicen productos médicos no aprobados (o usos no aprobados de productos médicos aprobados) en una emergencia».

«En el caso de que se emita un EUA para este producto, aún se consideraría no aprobado y estaría bajo investigación adicional (bajo una Solicitud de Nuevo Medicamento en Investigación) hasta que tenga la licencia de una Solicitud de Licencia de Biológicos (BLA)».

«Actuar para respaldar la emisión de un EUA para una vacuna en investigación».

«La población del estudio incluyó a hombres y mujeres sanos y excluyó a los participantes con alto riesgo de infección».

«Las reacciones adversas graves [...] en general fueron menos frecuentes en adultos ≥ 55 años (≤ 2,8 %) en comparación con los participantes más jóvenes (≤ 4,6 %)».

«Duración de la protección: **no es posible evaluar** la eficacia sostenida durante un período superior a **2 meses**».

«Se necesitarán evaluaciones adicionales para evaluar el efecto de la vacuna en la prevención de infecciones asintomáticas, incluidos los datos de los ensayos clínicos y del uso posterior a la autorización de la vacuna».

«**No es posible evaluar** si la vacuna tendrá un impacto en las secuelas específicas a largo plazo de la enfermedad COVID-19 en personas infectadas a pesar de la vacunación».

«**Se necesitarán evaluaciones adicionales** para evaluar el efecto de la vacuna en la prevención de los efectos a largo plazo del COVID-19, incluidos los datos de los ensayos clínicos y del uso posterior a la autorización de la vacuna».

«Los beneficios para prevenir la **muerte** deben evaluarse en grandes estudios observacionales **después de la autorización**».

«EFICACIA DE LA VACUNA CONTRA LA TRANSMISIÓN DEL SARS-CoV-2: **Los datos son limitados** para evaluar el efecto de la vacuna contra la transmisión del SARS-CoV-2 de personas infectadas a pesar de la vacunación».

«**Riesgos desconocidos: actualmente no hay datos para sacar conclusiones sobre la seguridad de la vacuna en subpoblaciones como niños, menores de 16 años, embarazadas, lactantes e inmunodeprimidos**».

«Reacciones adversas que requieren un seguimiento más prolongado para ser detectadas».

«Después de la autorización de la vacuna, el uso en un gran número de personas puede revelar eventos adversos adicionales».

«Los datos disponibles no indican un riesgo de **enfermedad potenciada por la vacuna** (ADE). Sin embargo, el riesgo de enfermedad potenciada por la vacuna a lo largo del tiempo, potencialmente asociado con la disminución de la inmunidad, sigue siendo desconocido y debe evaluarse más en los ensayos clínicos en curso y en los estudios observacionales que podrían realizarse después de la autorización».

Lo que usted acaba de leer es espeluznante, no he querido añadir ni una coma. Si consigue ver detrás del lenguaje deliberadamente críptico, apreciará lo increíble de que, con semejante texto oficial, insisto, presentado por Pfizer-BioNtech para obtener la autorización de uso de emergencia, esta fuera concedida para inocular con esas terapias génicas experimentales de ARN mensajero sintético a media humanidad. Todo esto pasó inadvertido mientras la gente estaba aterrada, arruinada y entregada a los mensajes falaces de los medios de comunicación propiedad de los mismos fondos buitre que las industrias vacuneras. Mismos dueños. Estoy convencido de que, si a la gente se le hubieran explicado los textos que usted tiene arriba, no se habría «vacunado» casi nadie.

Efectos adversos graves y letales de hasta un 4,6 % en los más jóvenes para una enfermedad con mortalidad que ronda el 0,1 % es literalmente matar moscas a cañonazos, es incendiar el bosque para matar a una plaga, es quemarle el pelo a un niño para acabar con sus piojos, es una absoluta insensatez criminal que millones de personas se creyeron.

CAPÍTULO 42
SOMOS NUESTRO ADN

«Lo que realmente me interesa es si Dios tuvo alguna elección en la creación del mundo».
Albert Einstein

La primera vez que dije en una entrevista que había posibilidades de que estas terapias génicas de ARNm pudieran cambiar nuestro ADN, es decir, volvernos lo que podríamos llamar perfectamente *humanos transgénicos*, modificados genéticamente, se me echaron encima los verificadores de la verdad de Rocanegra. Dos años más tarde se ha demostrado que yo tenía razón y ellos no, pero absolutamente ningún biólogo colaboracionista con conflicto de intereses ni ningún médico me ha llamado para pedirme disculpas, y, por supuesto, ningún medio de comunicación grande ha hecho reportajes similares a los que hicieron cuando lo dije. Millones de personas entraron en su propio Jurassic Park creyendo lo que los organizadores decían, que no había peligro, que todo estaba controlado, era científico, había consenso, lo decían los expertos…, los expertos que, ni que decir tiene, trabajaban para el parque.

Biólogos, médicos, veterinarios y divulgadores científicos de todo el mundo, a miles, avisamos de lo que venía, a costa de ser apartados, despedidos y difamados hasta por nuestras propias familias y supuestos amigos. Yo, personalmente, recibí duras palabras de colegas biólogos que me acusaban de hacer flaco favor a la ciencia, de estar haciéndome famoso y de que, si lo que hacía eran documentales, qué sabía yo de vacunas. Pero yo ya era bastante conocido antes, y por algo mucho más popular, que eran mis documentales de animales, no necesitaba que me insultaran en las televisiones, y menos que la mayoría de mis clientes me volvieran la espalda.

A todos nos cerraron los medios de comunicación grandes, lo cual en mi caso era la ruina económica total; nos echaron de Twitter, como a Trump; nos cerraron los canales de YouTube, LinkedIn, Wikipedia... Pero, por suerte, actuaron en medios alternativos, en las redes, una legión de personas dispuestas a entrevistarnos y a informar; por desgracia, fuera de los circuitos oficiales que lavaban el cerebro sobre todo a los ancianos, acostumbrados a que un noticiero dice siempre la verdad.

Lo que ocurrió en la humanidad entre 2020 y 2022 fue difícil de creer, fue el triunfo de la propaganda, la desinformación científica y el control social a través de los medios; Flaherty, Grierson y Riefensthal tenían razón, no importa tanto la verdad como la forma de contarla, incluso Platón lo había clavado muchos siglos antes; millones de personas solo veían sombras en la pared de la caverna y creían que era la realidad.

Pero dos años pasaron también para los científicos ahora llamados *disidentes* o *negacionistas*, que formamos una piña mundial desinteresada, liberada de toda intención crematística o económica de una potencia jamás vista, ahora sí. Se abrieron canales en Telegram donde eminencias de todo el mundo compartían los estudios que encontraban haciendo arqueología biológica, aparecieron publicaciones de antes de 2019 que hablaban de la toxicidad de la proteína *spike*, del efecto ADE, de la toxicidad que muchos componentes de las inyecciones génicas contenían.

El síndrome de ADE, acrónimo de *Antibody-dependent enhancement* o enfermedad aumentada por vacunas, ya había sido descrito antes demostrando que una persona vacunada, al ser expuesta posteriormente a la inoculación, a un «virus» salvaje, sufre una enfermedad más grave que la natural e incluso la muerte por una sobrerreacción autoinmune súbita y mortal. Los ensayos oficiales de las vacuneras, además, mostraban que se probaron con muy pocos individuos de las razas más expuestas a dicho síndrome, que son la negra y la amerindia; me niego a usar los términos globalistas *afroamericano* y *latino*.

Toda una batería de sustancias peligrosas estaba reconocida en las dosis oficialmente, las marcas se cubrieron las espaldas diciendo la verdad en sus documentos oficiales para el caso de que hubiera juicios posteriores, pero la gente solo escuchaba a las televisiones, que jamás contaron esto. Por eso era importante que no se obligara; al ser voluntario, usted asumía toda la responsabilidad.

Contenían una sustancia llamada polietilenglicol, un lípido tóxico excipiente capaz de crear alergias graves y anafilaxia mortal. Si ya existen linfocitos T8 citotóxicos por infecciones anteriores, en una segunda exposición se producirá un ataque a células musculares, células inmunes y endotelios vasculares.

Pero la clave de todo estaba en la llamada proteína *spike*, también conocida como proteína S o espiga, que presenta homologías, se parece, a las proteínas endógenas, es decir, que ya tenemos, que darían a su vez una reacción inmune cruzada y enfermedades autoinmunes. La teoría de estas inyecciones génicas decía que introducían en el cuerpo el ARN mensajero sintético, es decir, las instrucciones genéticas creadas por las empresas para que el organismo generara proteínas *spike*. Estas, a su vez, al ser elementos extraños, despertarían a nuestro sistema inmune, que de inmediato generaría anticuerpos de defensa contra ellas, de modo que, cuando entrara el auténtico virus SARS-CoV-2, nuestras defensas reconocerían sus *spikes* y las atacarían mucho más rápido. ¿Qué podía salir mal?... ¡Todo!

Las proteínas *spike* de las vacunas podían interactuar negativamente, por ejemplo, con la llamada sincitina-1 del retrovirus endógeno HERV-W, codificado en el cromosoma 7 del genoma humano, y que es imprescindible para la formación de la placenta, la gestación, la fecundación. Por tanto, se puede producir una reacción cruzada de anticuerpos contra nuestras propias sincitinas y provocar abortos e infertilidad. ¿Va usted atando cabos?, ¿recuerda el empeño globalista por reducir la población esterilizando a la gente?

También se puede producir una interferencia con la sincitina-2 del retrovirus endógeno HERV-FRD en el cromosoma 6 del genoma humano, que hace invisible al feto ante el sistema inmune de la madre. ¡Qué casualidad!

Pero los hombres no se libran, la *spike* se puede unir a otro receptor provocando una patología llamada *orquitis*, que, lejos de ser un ataque de orcas, es algo peor, puede dar lugar a la inflamación del órgano testicular con desarrollo de posible infertilidad masculina.

Es más que interesante, tratándose de vacunas para combatir una supuesta neumonía atípica, que el receptor humano que se acopla con la *spike*, que se llama ACE-2, se encuentre repartido por todo el organismo humano, pero sobre todo en los órganos sexuales masculinos, en los riñones, en el corazón, en el intestino, incluso interfiere en la conexión de nuestras neuronas, salvo en un órgano en el que no están los ACE-2 en superficie..., los pulmones.

Otro de los componentes de la receta de estas inyecciones génicas es el Polisorbato 80, en este caso en las de AstraZeneca, que es un detergente ya estudiado antes y demostradamente capaz de producir trombosis, ceguera, parálisis, y lo que es peor, silenciamiento génico al suprimir las proteínas supresoras de tumores cancerígenos.

Pero, sin duda, el mayor de los peligros es que ese ARN vacunal sintético se distribuirá por todo el organismo pudiendo entrar en las células endoteliales vasculares y en las células inmunes. Al principio negaron esta posibilidad, pero varios estudios han demostrado que puede ser posible perfectamente; inyectar ARNm sintético a quinientos millones de personas sin haber comprobado esto es suficiente para que todos los responsables acaben en la cárcel por crímenes de lesa humanidad. No existe un solo estudio que haya investigado si el ARNm sintético de estas vacunas se integra en nuestro genoma. ¿Hacia dónde miran las jirafas? Cuando no estudian algo es porque ya lo saben y no les conviene que se conozca o nadie querría «vacunarse».

El ARNm vacunal sintético de Pfizer-BioNTech contiene 4284 bases, que recordemos que son las «letras» de los genes, y está rodeado de compuestos patentados que son propiedad de la empresa, de los cuales no publican toda la información. Uno se llama ALC-0315, y otro es el polietilenglicol ALC-0159. También contienen 1 metil pseudouridilo que le da resistencia a la degradación. Ya hay estudios que demuestran que ese ARNm puede durar más de dos meses en las células del cuerpo de vacunados, sobre todo en nódulos linfáticos cerca del músculo deltoides.

En concreto el estudio de Markus Aldén, Francisko Olofsson Falla y colaboradores de la Universidad de Lund, en Suecia, publicado el 25 de febrero de 2022 en *Current Issues in Molecular Biology*, titulado «Transcripción reversa intracelular *in vitro* del ARNm BNT162b2 de la vacuna COVID-19 de Pfizer BioNTech en un linaje celular hepático humano», es demoledor, merece la pena conocerlo.

Recordemos que, básicamente, el dogma central de la biología molecular decía que el ADN que está en el núcleo de nuestras células guardando la información genética que nos hace lo que somos, y que no puede sacarla de allí, transcribe esa información en forma de ARN, que sí puede salir y transformarla en proteínas, que son las que hacen todo en nuestro organismo, o casi todo. El ARN es el mensajero de la moto, ¿recuerda? Pues bien, ese dogma dejó de serlo hace tiempo.

Los genes son recetas de proteínas; la receta más común de todo el genoma humano es una proteína llamada *transcriptasa inversa*, que no tiene ninguna utilidad aparente en el cuerpo humano, al menos eso creían hasta hace poco los biólogos. La transcriptasa inversa es vital para lo que ellos llaman *virus*, porque es capaz de hacer una copia de un gen y volver a copiarla en ADN para unirla de nuevo al genoma. Es un billete de ida y vuelta para una copia de un gen. Ahora que sabemos que esos llamados *virus* son en realidad exosomas propios, tiene mucho más sentido que este gen sea el más común en las células. Sorprende que tantos biólogos crean todavía que el gen más común de nuestro genoma es solo ADN basura para ayudar a los virus a atacarnos, carece de sentido. Y lo justifican diciendo que hay varios miles de genomas virales casi completos integrados en el genoma humano, claro, es que SON genoma humano, no virus. Parece un trabalenguas, pero sería tan absurdo como decir que un caballito de mar es un caballo o que un lobo marino es un cánido. Entonces los llaman *retrovirus endógenos humanos*, que ya los vimos anteriormente, y siguen con su teoría de los virus malosos.

Pero lo que nos interesa ahora es uno de esos llamados *retrotransposones* capaces de perpetuarse a sí mismos copiando y pegando ADN, se llama LINE-1, acrónimo de *Long Interspersed Element*, elemento largo intercalado. Es un párrafo de ADN con entre mil y seis mil letras con la receta de la transcriptasa inversa. Son un 14,6 % de nuestro genoma, casi cinco veces más comunes que nuestros genes «auténticos». A los que les ofendía tener ancestros con los monos no les va a gustar enterarse de que en realidad son genéticamente virus gigantes.

Pues bien, esos transcriptos quiméricos que contienen las inyecciones mal llamadas *vacunas COVID*, incrementan la expresión de los retrotransposones LINE-1, cuya misión ya sabemos que es retrotranscribir, es decir, transformar la información del ARNm en ADN. Por favor, léanlo dos veces.

El estudio de Aldén y colaboradores ha demostrado *in vitro* tres cosas muy graves. Una, que el ARNm vacunal llamado BNT162b2 entra rápidamente en la célula humana y en su núcleo. Dos, que ese ARNm vacunal incrementa la acción de los LINE-1 que frenéticamente introducen esa información en nuestro ADN. Y tres, que el ARNm de las «vacunas» COVID es retrotranscrito a ADN. LINE-1 está entrando al núcleo con el transcrito de la vacuna de Pfizer. Ese ARNm de la vacuna se vuelve ADN y regresa al núcleo.

Estimado lector, con el párrafo anterior podríamos haber cerrado este libro, es tan claro como que demuestra el gran engaño que venimos padeciendo desde enero de 2020 y que han utilizado para restringir nuestras libertades, potenciar los órganos supranacionales que regirán el Nuevo Orden Mundial, disminuir la población mundial por eliminación directa además de por esterilización, arruinar a las naciones y mantener a la gente muerta de miedo y dispuesta a aceptar futuras dosis de ARN para hacer felices a sus retrotrasposones.

Lo más curioso del estudio de Aldén es que misteriosamente se pararon ahí, y no avanzaron para demostrar que el ARN vacunal cambia el genoma humano en estudios *in vivo*, es decir, en organismos humanos, en lugar de este que es *in vitro*, en laboratorio sobre células cultivadas. Quizá para que el artículo pudiera publicarse o para hacerlo en otros subsiguientes.

Otro estudio *in vitro* reciente, el de Jang & Mei en 2021, mostró que *spike* entra al núcleo e inhibe la importación de enzimas reparadoras de daño de ADN en linfocitos. Si no reparamos el ADN dañado, se activa el LINE-1.

La doctora en Medicina Veterinaria mexicana Karina Acevedo-Whitehouse, una de las más inteligentes voces de la disidencia, hace unos análisis dotados de una ironía científica notable derrochando no solo conocimiento, sino capacidad de comunicación. A ella se le nota que va con cuidado, *suavito*, como ella diría, pero contundente y sin un ápice de falta de rigor. Le recomiendo al lector que la busque en las redes todavía medio libres, antes de que nos callen a todos.

EN DEFENSA PROPIA

«Apoyo la existencia de una inclinación general en todo ser humano, un deseo perpetuo e incansable de alcanzar más y más poder, que solo cesa cuando llega la muerte».
Thomas Hobbes, 1651

He intentado aclarar las seis preguntas que todo documental debe contemplar: qué, dónde, cuándo, cómo, quién y por qué.

Siendo consciente de que escribo este libro para los no convencidos, no me interesa el onanismo intelectual de hablarle a los que están de acuerdo conmigo. A mis alumnos universitarios de Comunicación Audiovisual les describo cada curso a un personaje importante al que llamo la señora de Wisconsin, pero que podría ser el niño de Cuenca o el hombre de Pekín. Se trata de una personificación ficticia de la gente que podríamos llamar *común*, de la calle, normal, siendo este por definición un concepto erróneo, pero que nos sirve para orientar nuestro discurso hacia alguien que no tiene por qué tener ningún conocimiento previo del tema.

En el caso de la *plandemia* maldita, eso no es posible, porque absolutamente todas las señoras de Wisconsin o de Delaware que abran este libro ya tendrán en su cabeza una pléyade de ideas de biología, microbiología, virología, epidemiología y sociología muy fijas, aunque absolutamente equivocadas si las obtuvieron del ambiente. El único COVID letal que asoló la Tierra fue la desinformación institucional generalizada con la complicidad necesaria de los biólogos y médicos con conflictos de intereses, que le dieron cobertura intelectual al contagio masivo que las televisiones, las radios y los periódicos propiedad de los fondos buitre extendieron por todas partes.

Igual que mis queridos e inteligentes atunes rojos, nos seguimos unos a otros con un gregarismo enfermizo que hemos aprendido que forma parte de nuestros genes. He querido dejar claro que las inyecciones génicas experimentales a las que nos abocaron no solo no inmunizaron a nadie, sino que causarán durante toda la vida de los que fueron inoculados muchas más muertes que el supuesto SARS-CoV, incluso si nos creyéramos las cifras oficiales.

Los autores de toda esta confabulación mundial son plutócratas millonarios que no actúan por dinero, tienen de sobra para varias vidas, lo hacen por el poder, la ambición y el endiosamiento de sus mentes enfermas. Curiosamente, todos son varones de avanzada edad (o sus herederos), blancos, y pertenecen a logias masónicas o a determinados credos concretos. Ellos, uno a uno y juntos, han manifestado muchas veces que quieren un mundo nuevo, un orden nuevo, y que desean pasar a la historia como las personas capaces de hacerlo.

Me consta que a la gente normal nos cuesta entender esto porque nos ponemos en su lugar y solo percibimos lo bien que lo pasaríamos con tanto dinero, la cantidad de cosas que nos compraríamos y lo divertido que ello sería. Nos viene la idea de que lo último que haríamos en su lugar es ponernos a matar gente y a causar sufrimientos descomunales, con lo aburrido que debe ser eso. Nos imaginamos en esos yates, viajando, ayudando a todos nuestros amigos, disfrutando de placeres infinitos conscientes de que lo último que haríamos sería reunirnos con otros *empreSaurios* a conspirar, ¡qué pereza!

Esta proyección no es baladí, está detrás de la inmensa mayoría de las personas buenas que no se creen nada de esto; me dicen sin parar: «Pero, ¿por qué iban a hacer eso, Fernando?». Podemos entender que alguien pobre, inculto o a quien la vida ha maltratado mucho se vuelva algo loco y realice malos actos para tratar de ganar o robar más dinero, sobrevivir o vengarse de alguien. Pero no que personas que han alcanzado lo que todos soñamos se dediquen a dominar el mundo más de lo que ya lo hacen.

Pero olvidamos algo muy importante que se ha visto muchas veces en la historia de la humanidad: la maldad existe, y la megalomanía, también. Ellos no son como usted o como yo, ellos son ricos desde siempre o desde hace decenios.

El zoólogo holandés Dr. Frans de Waal es experto en primates, y ha escrito libros interesantes sobre el simio que llevamos dentro. Ha trabajado muchos años con chimpancés, los cuales, junto con los bonobos, son nuestros parientes más próximos, sacando conclusiones muy interesantes sobre el poder, el bien y el mal en etología comparada. Para saber sobre nosotros mismos, una de las mejores técnicas es investigar a nuestros primos para saber qué es cultural y qué es genético. Somos la especie más peligrosas del mundo, pero la palabra *poder* está asociada a un fuerte tabú, nadie la utiliza consigo mismo, pero sí con los demás. El poder es, sin embargo, uno de los impulsos más fuertes de la especie humana.

La mayor parte de estos oligarcas están convencidos de que están destinados a ser los regentes del mundo, pero deben llegar a esas posiciones de poder absoluto sin que la humanidad se dé cuenta, por eso han creado esa red de ONG, fundaciones y organizaciones supranacionales con nombres atractivos que supuestamente luchan contra el hambre, las enfermedades, la desigualdad, el racismo, las migraciones, los derechos de las mujeres y, sobre todo, el ecologismo. Su gran baza es eso que empezaron llamando *calentamiento global*; pero cuando la gente comenzó a sospechar que hacía más frío, lo renombraron *cambio climático*; mas, cuando nos dimos cuenta de que el cambio era desde siempre, lo acabaron por bautizar *emergencia climática*.

Este libro no es sobre el pasado, es sobre el futuro, se nos acaba el tiempo. Los autores de la *plandemia* siguen ahí fuera planeando su siguiente ataque. Han conseguido mucho; cuando resuciten a otro virus primero quimérico y después informativo, mucha gente entrará de lleno porque ya están acostumbrados a las mascarillas, los encierros y los pinchazos. Necesitamos contar la verdad, cada uno en su entorno; con una sola persona a la que usted pase este libro ya será el doble que usted solo.

Seguirán destruyendo las culturas, como hicieron, por ejemplo, con la Leyenda Negra para manchar la memoria del Imperio español, con el fin de que los países resultantes no se volvieran a unir jamás y lo consiguieron; continuarán minando al individuo en todos sus valores tradicionales, desde la familia a las creencias religiosas, pasando por su propia identidad de género. Seguirán financiando movimientos de destrucción de las naciones, sobre todo las de Europa, su principal objetivo. Continuarán eliminando el dinero físico, como todo lo físico, incluidos los libros de papel porque no los pueden editar, están inmutados desde que un autor y un editor los pusieron en circulación, eso no les interesa. Muchos libros del siglo XX son peligrosos para ellos. Durante la *plandemia*, nos han mostrado cómo piensan actuar en el futuro, la propia OMS ha editado definiciones y textos de su página web varias veces. Todo lo que está en las redes es borrable y editable con extrema facilidad. Yo personalmente acumulo libros de antes del globalismo de forma compulsiva, cuando los autores eran libres, cuando podían exponer ideas que ahora son imposibles.

Otro paso que ya he dicho será controlar la soberanía alimentaria, del agua y la energía; de tal suerte que todo esté centralizado y dependa de los *globalitos* de su expediente personal, sin los cuales usted no podrá hacer absolutamente nada porque desde el Ministerio de la Verdad con un solo clic quedará usted encerrado en su casa. Seguirá muriendo y enfermando mucha gente que ya se inoculó las falsas vacunas, por eso deben crear nuevos relatos para justificarlo. Pero, además, seguirán intentando inocularnos cada año, de tal suerte que pueden meter lo que quieran sin control.

Deberíamos estar todos en bloque contra los códigos QR, los pasaportes sanitarios y todo tipo de documentos digitales que supongan una violación de nuestra intimidad y derechos. Incluso los que sean partidarios de vacunarse tendrían que darse cuenta de que son inadmisibles desde el punto de vista de las libertades individuales, y de que tarde o temprano se volverán contra ellos y sus familias.

Los hacedores del globalismo quieren un mundo con la mitad de las personas, y que estén bajo su control permanente, sin propiedad privada, sin dinero físico, sin combustibles fósiles y con todos los recursos centralizados y, por tanto, susceptibles de ser interrumpidos a aquellos que no cumplan con el Gran Estado.

Pero es importante saber que todo esto no es un destino inexorable ni algo que no se pueda evitar, todavía somos la gente, todavía somos muchos más que ellos; si aún se esfuerzan en engañarnos es porque temen que nos demos cuenta; giremos y nos escaparemos de la almadraba globalista. Podemos restaurar el mundo tal y como era antes de la Segunda Guerra Mundial, pero, por supuesto, con los avances técnicos y científicos adquiridos, los de verdad.

Es imperativo liberar a la ciencia de las corporaciones, jamás deben desarrollarse juntas, la una la corrompen las otras. Y tampoco la ciencia debe convertirse en la nueva religión animalista que haga regresar la época de los tótems y los becerros de oro.

Se han implantado en la mente de la gente *cookies ideológicas* respecto a casi todo. Ideas como que los humanos somos malos, una plaga para el planeta; las mascotas son hijos; los hijos son una molestia para el clima; la monogamia es antinatural, y creer en Dios es contrario a la ciencia impregnan por completo a las últimas generaciones de los países ricos. Por eso, en los planes de educación de todo el mundo eliminan la Filosofía, las Matemáticas, la Biología de verdad, la Literatura y las sustituyen por asignaturas inventadas sobre derechos, igualdades, identidad sexual y otras que aleccionan a los niños desde el colegio para ser grandes conservadores de sus globalitos cuando sean adultos.

Pero este no es un libro pesimista, más bien al contrario, pretende reclamar la vida, la libertad y la esencia orgullosa del ser humano. No lo pueden conseguir, como bien diría Malcolm y su teoría del caos, escaparemos por algún lado, como los dinosaurios o las *spikes* de las vacunas; no se pueden poner puertas al campo, no son tan listos, solo tienen mucho dinero que es nuestro, basta con recuperarlo.

Además, hemos aprendido mucho en estos casi tres años, ya no queremos la vieja normalidad que nos trajo hasta aquí. Millones de personas en todo el mundo nos hemos despertado para no volver atrás. Lucharemos por la justicia, la libertad y el derecho a ser diferentes cuando nos dé la gana, nos vamos a despasteurizar. Todos los que han colaborado con el gran engaño serán juzgados y no podrán seguir trabajando en lo mismo que hacían durante la *plandemia*; quizá hagan falta más pescadores, agricultores y ganaderos, pero que no tomen nunca más un micrófono, una cámara o un ordenador si no es para expiar sus pecados haciendo una catarsis que nos sirva para recapacitar.

He escrito este libro en defensa propia; la primera vez que me llamaron *negacionista* como algo insultante me molestó, pero poco a poco, durante dos años, fui conociendo a otras personas a las que les llamaban lo mismo y vi que eran maravillosas, especiales, valientes, inteligentes y con luz propia. Entonces comencé a tenerle aprecio a la palabra.

Si ser negacionista es parecerme a ellos, ya no me parece tan malo. Ahora estoy seguro de que, como siempre pasa en la naturaleza, toda crisis deviene en mejora a la larga; como ese bosque del que hablamos, se regenera el suelo; como el mar que tanto amo, se mezclan los nutrientes, se capturan los oligoelementos, se alimentan los virus marinos generando atmósfera; incluso un volcán fertiliza. Llegado este punto, todos esos nuevos amigos son mucho mejores que los que antes creía tener, aquellos que me trataron mal, que contribuyeron a los meses de soledad que todos los diferentes hemos padecido. Ahora puedo ya decir con orgullo: yo, negacionista.

FLM, 28 de marzo de 2022

AGRADECIMIENTOS

Es arriesgado agradecer aquí a tanta gente que me ha ayudado a publicar este libro. La primera, mi mujer, Tatu, que tuvo que aguantar estar casada con un peligroso negacionista durante dos años muy duros en los cuales nos dio la espalda la mayoría de la gente, y que tendrá que resistir a mi lado lo que nos queda por vivir; mientras me iban quitando trabajos, clientes, amigos y hasta vecinos que te dejan de saludar. Les agradezco también a mis hijos, Santiago, Sebastián y Marina, por existir, triunfando sin que apenas me ocupe de ellos, porque no les hace falta, gracias a Dios. Esta experiencia ha supuesto una renovación total de mi entorno, del cual han desaparecido decenas de personas a las que llamaba amigos, mientras otras decenas se transformaban en acérrimos enemigos. Me animaron pocos, callaron muchos. Sin embargo, como cuando un bosque se quema, en el suelo fertilizado han brotado almas nuevas en mi horizonte a las que nunca hubiera conocido si no fuera porque nos unió la lucha por la verdad, por buscarla, no por tenerla. Entre esos a los que llaman negacionistas he encontrado ángeles de luz, valientes y luchadores, que nos hemos ido juntando en las trincheras de la incomprensión que nos brindaba la mayoría de la gente. Cuando marchas codo con codo con otros, ya no pareces tan loco. Entre estos nuevos amigos destaco al Dr. Alejandro Sousa, que me dejó publicar su genial teoría en este libro por primera vez. Agradezco a Fernando Paz el haberme invitado a sus programas de televisión para abrirme las ventanas que otros cerraban, y a Javier Villamor, por lo mismo. A Manuel Pimentel, por haberme buscado y tendido su mano, y a Pilar, por su gran ayuda. A José María García Arias, por llevar diez años diciéndome que escribiera un libro. A la bióloga Almudena Zaragoza, por contar conmigo para entrar en Biólogos por la Verdad. A la Dra. María José Martínez Albarracín, por enseñarme tanto y darme su amistad. A Eduardo Rodríguez Zaballos y Alexander Sánchez Jones, por su constante apoyo. A Ricardo Sagarminaga, por dejarme navegar a su lado. A la Dra. Chinda Brandolino, a su hija Resu y al Dr. Óscar Botta, por su bonita amistad argentina. A Fernando Marcos, Javier Fernández Pardo y José Javier García Aranda, por tanta energía. A Nano Fayos, Flavia Munárriz y Consuelo Sanz de Bremond, que nunca me abandonaron como tantos otros. A Fernando Anía, José Ortega, Katy Balber, Óscar Prada, Maiki de Toro, Marcos Gonzálvez, Helher Escribano, a la Dra. Isabel Bellostás, al Dr. Ángel Ruiz Valdepeñas, a la Dra. Natalia Prego; todos ellos, siempre ahí, sonriendo cuando más lo necesité. A Josemi Martín, Miguel Seijas, Carmen París, Carlos Montojo, José Bernardo San Juan, Sol de la Quadra Salcedo, Manuel Pinomontano, Miguel Ángel de Villanueva, Javi Pereira y Ana, Dra. Cristina Martín Jiménez, María Muriedas, Álvaro Riopérez, Dra. Ana Matilla, Roberto Prada, Álvaro Niño, José Ignacio Peláez, Pedro Pablo del Muro de la Verdad, Jesús Vidal, Fernando Iwasaki, Luis Burgueño, Andrés Pau, César Soto Valiña, Miguel Bosé, Carmen Lomana, Isabel Blasco… Todos ellos me han dado vida y escuchado incluso sin estar de acuerdo siempre conmigo.

Sin embargo, la dedicatoria especial, después de para Dios, es para los 170.600 que aullaron conmigo durante años en las redes libres, esas manadas de todo el mundo unidas por una sola causa, olvidando las diferencias, las ideas políticas, los sesgos ideológicos previos a la gran lucha, al gran aullido que formamos juntos. Hoy se me viene a la cabeza aquella canción de El Último de la Fila que se llama, precisamente, *Insurrección*, y que dice: «¿Dónde estabas entonces, cuando tanto te necesité?».

Espero que este libro escrito con sangre consiga contribuir a que todos nos salvemos. Un aullido.

Guadalajara, 1 de abril de 2022

BIBLIOGRAFÍA

AGUSTÍ, J. «La evolución y sus metáforas», Metatemas, 1994, Barcelona.

ARSUAGA, Juan Luis, «Los aborígenes», RBA, 2002. Barcelona.

—«El enigma de la esfinge», Plaza & Janés Editores, 2001. Barcelona.

BARLEY, Nigel, «Bailando sobre la tumba» Ed. Anagrama 2000.

BIRKHEAD, Tim, «Promiscuidad», Editorial Laetoli. 2000. Barcelona.

BUSCH, Christian, The Serendipity Mindset: The Art & Science of Creating Good Luck» («La mentalidad de la serendipia: el arte y la ciencia de crear buena suerte»).

COSTA i Verger, Enric, «Iatrogenia, la medicina de la bestia», CAUAC Editorial Nativa 2020. Murcia.

CAMPBELL, Bernard, «Human Ecology», Heinemann Educational Books Ltd. 1996. Londres.

PICQ, Pascal, «Nueva Historia de hombre», Ediciones Destino. 2005. Barcelona.

CRICHTON, Michael, «NEXT», Random House Mondadori, 2007. Barcelona.

—«Jurassic Park», Plaza & Janés Editores. 1993. Barcelona.

—«Viajes y Experiencias», Plaza & Janés Editores, 1994. Barcelona.

DAWKINS, R, «Destejiendo el arco iris», Tusquets Editores, 2000, Barcelona.

—«El gen egoísta», Salvat, 1985, Barcelona.

DE WAAL, Frans, «El simio y el aprendiz de sushi» Ediciones Paidós Ibérica. 2002. Barcelona.

DE LA ROSA, Raúl. «La enfermedad silenciada». 2014.

DOUGLAS Hume, Ethel «¿Béchamp o Pasteur?» 1923. París.

DIAMOND, Jared, «Armas, gérmenes y acero», Editorial Debate, Penguin Random House Grupo Editorial S.A.U. 2006 Barcelona.

—«El Tercer Chimpancé», DeBolsillo, 2015. Barcelona.

ENTRALGO Laín, Pedro, «DOS BIÓLOGOS: Claudio Bernard y Ramón y Cajal».

GUILLÉN-SALAZAR, Federico (editor), Ateles Editores. 2005. Madrid.

JÁUREGUI Balenciaga, Inmaculada, «Psicopatía: pandemia de la modernidad», 2008

KAUFMAN, Michael T. «George Soros. Un multimillonario mesiánico» Ediciones Folio. 005. Barcelona.

KAHNEMAN, Daniel, «Thinking Fast and Slow» «Pensar rápido, pensar despacio. Penguin Random House Grupo Editorial S.A.U. 2012 Barcelona.

KENNEDY JR. Robert. «The Real Anthony Fauci: Bill Gates, Big Pharma, and the Global War on Democracy and Public Health» (Children's Health Defense).

LACHHEIN N, Álex, «Wuhan, Peste Roja y Caso Abierto». Ed Libros Libres. 2021. Madrid.

LÓPEZ-MIRONES, Fernando, «El Mono Egoísta: la Tribu de la Corbata» (documental 54') Producido por New Atlantis. 20012.

MARTIN, David E. «The Anthoni Fauci/COVID-19 Dossier». Publicación independiente. ISBN-13: 979-87146321982021.2021

MARTÍN Jiménez, Cristina, «El Club Bilderberg, los amos del mundo» Editorial Almuzara, Córdoba 2005.

—«La Tercera Guerra Mundial ya está aquí». Editorial Planeta. 2021. Barcelona.

MAKINISTIÁN, A.A, «El proceso de hominización. Los primeros pasos de la evolución humana», Editorial Almagesto, 1992, Buenos Aires.

PAZ Cristóbal, Fernando, «Despierta» Ed. La Esfera de los Libros. 2021. Madrid.

PRESTON, Richard «The Hot Zone», Emecé Editores. 1994. Barcelona.

RIDLEY, Matt, «Genoma», Santillana de Ediciones, 2000, Madri

ROSSY, R, «Toda la verdad sobre el coronavirus». Homo Legens. Barcelona. 2020.

SCHRÖDINGER, E. «What is life? Mind and matter», Cambridge University Press, 1967, Cambridge.

SANDÍN, Máximo, «Pensando la evolución», Ediciones Crimentales. 2006. Madrid.

—«Trilogía del coronavirus». Cauac Editorial, Murcia. 2020.

—Lamarck y los mensajeros: la función de los virus en la evolución», Ed. Akal, Madrid.

SALBICHI, Adrián, «El cerebro del mundo. La cara oculta de la globalización», Editorial Solar, Bogotá 2003.

SOUSA, A. «Viruses: Genetically encoded alarm messages for communication between individuals». Clin Microbiol Infect Dis, 2020 (5):1-7 doi: 10.15761/CMID.1000175 ISSN: 2398-8096. Publicación de la *Teoría de la Información de alerta* (Capítulo 34) del Dr Alejandro Sousa Escandón.

PAYERAS i Cifre, Bartomeu, «La distribución asimétrica de casos de Covid-19 y su relación con las redes 5G. Estudio de los mecanismos causales. Teoría ambiental». Publicado online. Disponible en cauac.org/hemeroteca.

ZARAGOZA Velilla, Almudena (2021) Aliados de los virus. COVID 20 Una radiografía del COVID-19 y una ventana hacia un nuevo paradigma. Vol. I Cauac Editorial Nativa. ISBN 978-84-122036-4-6

ZIMMER, Carl, «Un Planeta de Virus», Ed. Capitán Swing. 2021. Barcelona.

FUENTES DIGITALES

Algunas referencias de esta bibliografía que tiene usted entre sus manos pueden haber sido eliminadas de las redes en el momento en el cual usted las intente consultar. Sin embargo, todas ellas existieron y fueron guardadas por el autor. En el proceso de edición del libro pueden haber desaparecido algunas más. Hemos comprobado que las referencias incómodas son eliminadas sistemáticamente

ACEVEDO-WHITEHOUSE, Karina. Akasha Comunidad. Canal de Telegram. https://t.me/akashacomunidad/454

ALIPIO, Mark M. «Vitamin D supplementation could possibly improve clinical outcomes of patients infected with Coronavirus-2019 (COVID- 2019)» http://accurateclinic.com/wp-content/uploads/2020/05/Vitamin-D-Supplementation-Could-Possibly-Improve-Clinical-Outcomes-of-Patients-Infected-with-Coronavirus-2019-COVID-19-2020.pdf

ATTAWAY, Amy H. Rachel G Scheraga, Adarsh Bhimraj, Michelle Biehl, Umur Hatipoğlu. «Severe covid-19 pneumonia: pathogenesis and clinical management». 2020. https://pubmed.ncbi.nlm.nih.gov/33692022/

ANDERSON, Michael, L. «The Effect of Influenza Vaccination for the Elderly on Hospitalization and Mortality» https://www.acpjournals.org/doi/10.7326/M19-3075

ALDÉN, Markus, Francisko Olofsson Falla «Intracellular Reverse Transcription of Pfizer BioNTech COVID-19 mRNA Vaccine BNT162b2 In Vitro in Human Liver Cell Line».. https://www.mdpi.com/1467-3045/44/3/73

BAUMAN, Zygmunt, «AMOR LÍQUIDO, acerca de la fragilidad de los vínculos humanos». https://templodeeros.files.wordpress.com/2017/01/amor-liquido-zygmunt-bauman.pdf

BANERJEE, A. «Isolation, Sequence, Infectivity, and Replication Kinetics of Severe Acute Respiratory Syndrome Coronavirus 2». 2020. https://www.epistemonikos.org/es/documents/a70e1f0bc95cd185c0cf077ae4a8ae209c48be36

BEEK, Van Josine. «Influenza-like Illness Incidence Is Not Reduced by Influenza Vaccination in a Cohort of Older Adults, Despite Effectively Reducing Laboratory-Confirmed Influenza Virus» Infections https://academic.oup.com/jid/article/216/4/415/3958807

BROCK, Aleisha R, Simon Thornley. «Spontaneous Abortions and Policies on COVID-19 mRNA Vaccine Use During Pregnancy» https://cf5e727d-d02d-4d71-89ff-9fe2d3ad957f.filesusr.com/ugd/adf864_2bd97450072f4364a65e5cf1d7384dd4.pdf

BUZHDYGAN, Tetyana P. «The SARS-CoV-2 spike protein alters barrier function in 2D static and 3D microfluidic in-vitro models of the human blood-brain barrier». La proteína spike puede dañar y atravesar la barrera hematoencefálica. La pérdida de la integridad de esta barrera desencadena una respuesta proinflamatoria en las células endoteliales del cerebro que puede contribuir a varios de los síntomas neurológicos de la COVID19. https://pubmed.ncbi.nlm.nih.gov/33053430/

CAO, Shiyi, Wang, C. et al. Post-lockdown SARS-CoV-2 nucleic acid screening in nearly ten million residents of Wuhan, China. Nat Commun 11, 5917 (2020). https://doi.org/10.1038/s41467-020-19802-w

COTTON, James. «Retroviruses from retrotransposons». 2001. https://genomebiology.biomedcentral.com/articles/10.1186/gb-2001-2-2-reports0006

COHEN, Kristen W. «Longitudinal analysis shows durable and broad immune memory after SARS-CoV-2 infection with persisting antibody responses and memory B and T cells»., https://www.ncbi.nlm.nih.gov/pmc/articles/PMC8095229/

COHEN, Jon. «Why flu vaccines don't protect people for long» https://www.sciencemag.org/news/2020/08/why-flu-vaccines-don-t-protect-people-long?utm_campaign=news_daily_2020-08-13&et_rid=438568703&et_cid=3445815

COHEN, Devorah. «WHO and the pandemic flu «conspiracies» https://www.bmj.com/bmj/section-pdf/186584?path=/bmj/340/7759/Feature.full.pdf

COLEMAN, Brenda L. «Are healthcare personnel at higher risk of seasonal influenza than other working adults?» https://www.cambridge.org/core/journals/infection-control-and-hospital-epidemiology/article/are-healthcare-personnel-at-higher-risk-of-seasonal-influenza-than-other-working-adults/83B5DC59182EECE133BBE1BC2697DED6

CORMAN, Victor M. V. M. Corman, O. Landt, M. Kaiser, R. Molenkamp, A. Meijer, D. Chu, T. Bleicker, S. Brünink, J. Schneider, M. L. Schmidt, D. Mulders, B. L. Haagmans, B. van der Veer, S. van den Brink, L. Wijsman, G. Goderski, J. L. Romette, J. Ellis, M. Zambon, M. Peiris, H. Goossens, C. Reusken, M. Koopmans, C. Drosten «Detection of 2019 novel coronavirus (2019-nCoV) by real-time RT-PCR». 2020. https://www.eurosurveillance.org/content/10.2807/1560-7917.ES.2020.25.3.2000045

CHANGLIN, Gong, Xiaojing Song, Xiaoxia Li, Lianfeng Lu, Taisheng, Li. «Immunological changes after COVID-19 vaccination in an HIV-positive patient». https://www.sciencedirect.com/science/article/pii/S1201971221006676

DAVIS, Charles Patrick, «Medical Definition of Human chromosome count». Medicine Net.com. 29 marzo 2021. https://www.medicinenet.com/human_chromosome_count/definition.htm

DE RIVERA, Luis, https://luisderivera.com/wp-content/uploads/2012/02/1983. El Trastorno por Mediocridad Inoperante Activa (síndrome MIA) J. L. González de Rivera y Revuelta https://luisderivera.com/wp-content/uploads/2012/02/1997-EL-TRASTORNO-POR-MEDIOCRIDAD-INOPERANTE-ACTIVA-SINDROME-MIA.pdf

DE TOMMASO, M, Rossi P, Falsaperla R, Francesco Vde V, Santoro R, Federici A «Mobile phones exposure induces changes of contingent negative variation in humans».2009. https://pubmed.ncbi.nlm.nih.gov/19699778/

DICKERSON, Sally S, Margaret E. Kemeny, PHD, Najib Aziz, MD «Immunological effects of induced shame and guilt», «Efectos inmunitarios de la vergüenza y la culpa inducidas». Psychosomatic Medicine 66:124–131 (2004) 0033-3174/04/6601-0124. 2004 by the American Psychosomatic Society. https://pubmed.ncbi.nlm.nih.gov/14747646/

DONAHUE, James G. «Association of spontaneous abortion with receipt of inactivated influenza vaccine containing H1N1pdm09 in 2010–11 and 2011–12» https://www.sciencedirect.com/science/article/pii/S0264410X17308666

DOSHI, Peter. «Influenza: marketing vaccine by marketing disease» https://www.bmj.com/content/346/bmj.f3037

DOSHI, Peter. «Pandemrix vaccine: why was the public not told of early warning signs?» https://www.bmj.com/content/362/bmj.k3948

DROSTEN, Christian. «Identificación de un nuevo coronavirus en pacientes con síndrome respiratorio agudo severo». https://www.nejm.org/doi/full/10.1056/NEJMoa030747 Lista de autores.

EL-GOHARY, Ola Ahmed, Mona Abdel-Azeem Said «Posibles efectos de la vitamina D en ratas sometidas a teléfonos móviles»: «Effect of electromagnetic waves from mobile phone on immune status of male rats: possible protective role of vitamin D».. 2017. https://pubmed.ncbi.nlm.nih.gov/27901344/

FINSTERER, Josef, Maria Korn. «Aphasia seven days after second dose of an mRNA-based SARS-CoV-2 vaccine». https://www.ncbi.nlm.nih.gov/pmc/articles/PMC8223021/

FLORES Pedauyé, Ricardo, «Viroides y virus: en la frontera de la vida» del Dr. Ricardo Flores Pedauyé celebrada en la XVI edición del ciclo Encuentros con la Ciencia en Málaga, el 8 de febrero de 2019. https://www.encuentrosconlaciencia.es/?p=4447

FRANCO-PAREDES, Carlos. «Transmissibility of SARS-CoV-2 among fully vaccinated individuals» - The Lancet Infectious Diseases. Vacunados contagian igual o más: https://www.thelancet.com/journals/laninf/article/PIIS1473-3099%2821%2900768-4/fulltext

GARCÍA ARANDA, José Javier, Informe Pandemia, https://bit.ly/3v3Z29N

GILCA, Rodica. «Other Respiratory Viruses Are Important Contributors to Adult Respiratory Hospitalizations and Mortality Even During Peak Weeks of the Influenza Season» https://www.ncbi.nlm.nih.gov/pmc/articles/PMC4281811/

GILL, James R, MD; Randy Tashjian, MD; Emily Duncanson, MD. «Autopsy Histopathologic Cardiac Findings in Two Adolescents Following the Second COVID-19 Vaccine Dose». https://meridian.allenpress.com/aplm/article/doi/10.5858/arpa.2021-0435-SA/477788/Autopsy-Histopathologic-Cardiac-Findings-in-Two

GOLDBERG, Yair. «Protection and waning of natural and hybrid COVID-19 immunity».https://www.medrxiv.org/content/10.1101/2021.12.04.21267114v1.full.pdf

GUIRADO Viedma, Víctor. Informe COVID. https://periodistasporlaverdad.com/informe-de-revision-cientifica-proyecto-onda/

GROSS, P.A. «The efficacy of influenza vaccine in elderly persons. A meta-analysis and review of the literature» https://pubmed.ncbi.nlm.nih.gov/7661497/

HANSEN, Victoria. «Infectious Disease Mortality Trends in the United States, 1980-2014» https://jamanetwork.com/journals/jama/fullarticle/2585966

HAYWARD, Andrew C. «Comparative community burden and severity of seasonal and pandemic influenza: results of the Flu Watch cohort study». https://researchonline.lshtm.ac.uk/id/eprint/1649021/1/1-s2.0-S2213260014700347-main.pdf__tid%3Dbd0c032e-c134-11e5-a13d-00000aacb362%26acdnat%3D1453486975_5644878c2207d61c89a374887c3b8f0f

HOEG Tracy Beth. «SARS-CoV-2 mRNA Vaccination-Associated Myocarditis in Children Ages 12-17: A Stratified National Database Analysis». https://www.medrxiv.org/content/10.1101/2021.08.30.21262866v1

IULIANO, A. Danielle. Estimates of global seasonal influenza-associated respiratory mortality: a modelling study (Muertes por gripe subestimadas): https://www.thelancet.com/journals/lancet/article/PIIS0140-6736(17)33293-2/fulltext

JAYALAKSHMI, Vallamkondu. Albin John, Willayat Yousuf Wani, Suguru Pathinti Ramadevi, Kishore Kumar Jella, P. Hemachandra Reddy, Ramesh Kandimalla. «SARS-CoV-2 pathophysiology and assessment of coronaviruses in CNS diseases with a focus on therapeutic targets». PubMed.gov. Biochim Biophys Acta Mol Basis Dis. 2020 Oct 1; 1866(10): 165889. Published online 2020 Jun 27. doi: 10.1016/j.bbadis.2020.165889. https://pubmed.ncbi.nlm.nih.gov/32603829/

JING, Yan. «Infectious virus in exhaled breath of symptomatic seasonal influenza cases from a college community», https://www.pnas.org/content/pnas/early/2018/01/17/1716561115.full.pdf

KAMPF, Günter. «The epidemiological relevance of the COVID-19-vaccinated population is increasing» https://www.thelancet.com/journals/lanepe/article/PIIS2666-7762(21)00258-1/fulltext The Lancet advierte contra el relato de la «pandemia de no vacunados» y apunta a la población vacunada como «relevante fuente de transmisión», https://kontrainfo.com/the-lancet-advierte-contra-el-relato-de-la-pandemia-de-no-vacunados-y-apunta-a-la-poblacion-vacunada-como-relevante-fuente-de-transmision/

KHEE-SIANG, Chan. «Collateral benefits on other respiratory infections during fighting COVID-19» (Beneficios colaterales en otras infecciones respiratorias durante la lucha contra la COVID-19). https://www.sciencedirect.com/science/article/pii/S0025775320303535?via%3Dihub

LEE, Katharine MN, Eleanor J Junkins, Urooba A Fatima, Maria L Cox, Kathryn BH Clancy «Characterizing menstrual bleeding changes occurring after SARS-CoV-2 vaccination».. https://www.medrxiv.org/content/10.1101/2021.10.11.21264863v1

LEWNARD, Joseph A. «Immune History and Influenza Vaccine Effectiveness» https://www.ncbi.nlm.nih.gov/pmc/articles/PMC6027411/

LYSKOW, Eugene. Kjell Hansson Mild, Monica Sandström. «Clinical and physiological investigations of people highly exposed to electromagnetic fields». 2000. https://www.academia.edu/18000763/Clinical_and_physiological_investigations_of_people_highly_exposed_to_electromagnetic_fields

MARTÍNEZ ALBARRACÍN, María José, «Sobre los efectos adversos de las vacunas covid y la mayor toxicidad». El Correo de España https://elcorreodeespana.com/politica/425873744/Sobre-los-efectos-adversos-de-las-vacunas-covid-y-la-mayor-toxicidad-de-determinados-lotes-Por-la-Doctora-Albarracin.html

MAOJIAO, Li. «Extracellular Vesicles Derived From Apoptotic Cells: An Essential Link Between Death and Regeneration». 2020. https://pubmed.ncbi.nlm.nih.gov/33134295/

MARTEL, Jan. Cheng-Yeu Wu, Pei-Rong Huang, Wei-Yun «Pleomorphic bacteria-like structures in human blood represent non-living membrane vesicles and protein particles». 2017. https://pubmed.ncbi.nlm.nih.gov/28878382/

MERCOLA, Joseph, es el primero en salir a denunciar el actual brote de COVID-19 como un ataque de guerra biológica.

https://consumidoresorganicos.org/2020/03/12/experto-en-armas-biologicas-habla-sobre-el-nuevo-coronavirus/

MERTZ, Dominic. «Herd effect from influenza vaccination in non-healthcare settings: a systematic review of randomised controlled trials and observational studies» https://www.eurosurveillance.org/content/10.2807/1560-7917.ES.2016.21.42.30378

MIKOVITS, Judy, «Responding To Criticism Surrounding My Viral Documentary «The Plandemic», London Real (londonrealtv.libsyn.com), publicado online, 2020. https://www.imdb.com/title/tt12358394/

MONTAGNIER, Luc, «La vacunación masiva contra Covid es un 'error inaceptable' que está 'creando las nuevas variantes». http://rubenluengas.com/2021/07/la-vacunacion-masiva-contra-covid-es-un-error-inaceptable-que-esta-creando-las-nuevas-variantes-luc-montagnier/

MUTHUKUMAR, Alagarraju et al. «In-Depth Evaluation of a Case of Presumed Myocarditis After the Second Dose of COVID-19 mRNA Vaccine». https://www.ncbi.nlm.nih.gov/pmc/articles/PMC8340727/

NUOVO, Gerard J, Cynthia Magro , Toni Shaffer, Hamdy Awad , David Suster , Sheridan Mikhail, Bing He, Jean-Jacques Michaille, Benjamin Liechty , Esmerina Tili. «Endothelial cell damage is the central part of COVID-19 and a mouse model induced by injection of the S1 subunit of the spike protein» PubMed.Gov,. PMID: 33360731 PMCID: PMC7758180 DOI: 10.1016/j.anndiagpath.2020.151682. https://pubmed.ncbi.nlm.nih.gov/33360731/

OLLIARO, Piero, Els Torreele, Michel Vaillant «COVID-19 vaccine efficacy and effectiveness—the elephant (not) in the room» The Lancet.. https://www.thelancet.com/journals/lanmic/issue/vol2no7/PIIS2666-5247(21)X0007-9

OIKKONEN, Venia. «The 2009 H1N1 pandemic, vaccine-associated narcolepsy, and the politics of risk and harm» https://journals.sagepub.com/doi/full/10.1177/1363459320925880

PAYERAS i Cifre, Bartomeu, PAYERAS: https://pubmed.ncbi.nlm.nih.gov/18242044/

Ponencia BARTOMEU 5GREM V.pdf - Google Drive: https://drive.google.com/file/d/1LCRIwwf7RZu2rtHYplMRj_Mof3ugo1mB/view

REITER, LT; Potocki, L; Chien, S; Gribskov, M; Bier, E. «Cerca del 75% de genes humanos vinculados con enfermedades, tienen su homólogo en el genoma de la mosca de la fruta: *Drosophila melanogaster* y humanos». 2001. «A Systematic Analysis of Human Disease-Associated Gene Sequences In Drosophila melanogaster». Genome Research 11 (6): 1114-1125. PMC 311089. PMID 11381037. doi:10.1101/gr.169101. https://pubmed.ncbi.nlm.nih.gov/11381037/

ROQUE Marçal, Isabela. Enfermedades agravadas por el confinamiento: «The Urgent Need for Recommending Physical Activity for the Management of Diabetes During and Beyond COVID-19 Outbreak» https://doi.org/10.3389/fendo.2020.584642

ROBLES, Juan Pablo, Magdalena Zamora, Gonzalo Martinez de la Escalera, Carmen Clapp «The spike protein of SARS-CoV-2 induces endothelial inflammation through integrin α5β1 and NF-κB». https://www.biorxiv.org/content/10.1101/2021.08.01.454605v1

RELLA, Simon A. «Rates of SARS-CoV-2 transmission and vaccination impact the fate of vaccine-resistant strains»., https://www.nature.com/articles/s41598-021-95025-3

SAVARIS, R.F. «Stay-at-home policy is a case of exception fallacy: an internet-based ecological study». Scientific Reports https://www.nature.com/articles/s41598-021-84092-1

SHIRATO, Ken. «SARS-CoV-2 spike protein S1 subunit induces pro-inflammatory responses via toll-like receptor 4 signaling in murine and human macrophages – ScienceDirect https://www.sciencedirect.com/science/article/pii/S2405844021002929

SHIRVALILOO, Milad. «Epigenomics in COVID-19; the link between DNA methylation, histone modifications and SARS-CoV-2 infection» https://www.researchgate.net/publication/351306681_Epigenomics_in_COVID-19_the_link_between_DNA_methylation_histone_modifications_and_SARS-CoV-2_infection

SINGH, Nishant. «S2 Subunit of SARS-nCoV-2 Interacts with Tumor Suppressor Protein p53 and BRCA: an In Silico Study». CÁNCER y proteína spike: Hay nueva evidencia que muestra que las vacunas de ARNm pueden reprogramar el sistema inmunológico de manera que permitan el crecimiento del cáncer. Este nuevo estudio muestra que la proteína spike tiene una alta afinidad por las proteínas anti-cancerígenas, p53 y BRCA 1/2. Estos datos muestran que es probable que la proteína spike (producida por las vacunas) pueda unirse e inactivar estos genes supresores de tumores en el cuerpo. p53 es quizá el gen cuya actividad es más importante en el cuerpo para prevenir el cáncer. https://www.ncbi.nlm.nih.gov/pmc/articles/PMC7324311/

SIMONSEN, Lone. «Impact of Influenza Vaccination on Seasonal Mortality in the US Elderly Population» https://jamanetwork.com/journals/jamainternalmedicine/fullarticle/486407

SIYAN, He. «Investigating the Fate of MP1000-LPX In Vivo by Adding Serum to Transfection Medium». Evidencia de que el ARNm exógeno (sea de una vacuna o de terapia génica) no se queda en el sitio de inoculación: https://pubmed.ncbi.nlm.nih.gov/32895048/

SUZUKI YJ, Nikolaienko SI, Dibrova VA, Dibrova YV, Vasylyk VM, Novikov MY, Shults NV, Gychka SG «SARS-CoV-2 spike protein-mediated cell signaling in lung vascular cells!». PubMed.gov.bioRxiv. 2020 Oct 12:2020.10.12.335083. doi: 10.1101/2020.10.12.335083. Preprint. https://www.ncbi.nlm.nih.gov/pmc/articles/PMC7680014/

STANG, Andreas Stang. «The performance of the SARS-CoV-2 RT-PCR test as a tool for detecting SARS-CoV-2 infection in the population». https://www.journalofinfection.com/article/S0163-4453(21)00265-6/fulltext

STRAVALACI, Matteo. «Recognition and inhibition of SARS-CoV-2 by humoral innate immunity pattern recognition molecules». SISTEMA INMUNE HUMANO MUY EFICIENTE. https://www.nature.com/articles/s41590-021-01114-w

SANGJOON, Choi et al. «Myocarditis-induced Sudden Death after BNT162b2 mRNA COVID-19 Vaccination in Korea: Case Report Focusing on Histopathological Findings». https://pubmed.ncbi.nlm.nih.gov/34664804/

SHENG-FAN, Wang. «Antibody-dependent SARS coronavirus infection is mediated by antibodies against spike proteins». https://www.ncbi.nlm.nih.gov/pmc/articles/PMC7092860/

SOYFER, Viacheslav. «COVID-19 Vaccine-Induced Radiation Recall Phenomenon». https://pubmed.ncbi.nlm.nih.gov/33677050/

TJIO JH, Levan A. «The chromosome number of man». Hereditas vol. 42: páginas 1–6, 1956. https://digital.csic.es/handle/10261/15776

THOMPSON, Deborah, Clay M Delorme, Randall F White, William G Honer. «Elevated clozapine levels and toxic effects after SARS-CoV-2 vaccination». https://pubmed.ncbi.nlm.nih.gov/33667055/

UZUN, Günalp, Bohnert, Bernhard N. «Organ Donation From a Brain Dead Donor With Vaccine-induced Immune Thrombotic Thrombocytopenia After Ad26.COV2.S: The Risk of Organ Microthrombi», https://journals.lww.com/transplantjournal/Fulltext/2022/03000/Organ_Donation_From_a_Brain_Dead_Donor_With.37.aspx

VANDEN Bossche, Geert: https://www.geertvandenbossche.org/?fbclid=IwAR-2j7Mvm1ZFaKXG8KT2u1f938ShdQsF6s55GP09bcyBKnxiqdsmB9Jd2xYI

WOLF, Greg, G. Influenza vaccination and respiratory virus interference among Department of Defense personnel during the 2017–2018 influenza season (vacuna gripe aumenta riesgo enfermedades respiratorias) https://www.sciencedirect.com/science/article/pii/S0264410X19313647?via%3Dihub

WRIGHT, Jenice C. «Gains in Life Expectancy from Medical Interventions» https://www.nejm.org/doi/full/10.1056/NEJM199808063390606

WIPOND, Rob. «Reporting flu vaccine science» https://www.bmj.com/content/360/bmj.k15

WU, Fan. Su Zhao, Bin Yu, Yan-Mei Chen, Wen Wang, Zhi-Gang Song, Yi Hu, Zhao-Wu Tao, Jun-Hua Tian, Yuan-Yuan Pei, Ming-Li Yuan, Yu-Ling Zhang, Fa-Hui Dai, Yi Liu, Qi-Min Wang, Jiao- Jiao Zheng, Lin Xu, Edward C. Holmes & Yong-Zhen Zhang «A new coronavirus associated with human respiratory disease in China». 2020. https://www.nature.com/articles/s41586-020-2008-3

WENHUI, Li. «The Spike proteins of human coronavirus NL63 and severe acute respiratory syndrome coronavirus bind overlapping regions of ACE2» – ScienceDirect https://www.sciencedirect.com/science/article/pii/S0042682207003236

WALACH, Harald. «Experimental Assessment of Carbon Dioxide Content in Inhaled Air With or Without Face Masks in Healthy Children» (las mascarillas son absurdas) https://jamanetwork.com/journals/jamapediatrics/fullarticle/2781743

XIAOLING, Cao, Yan Tian, Vi Nguyen, Yuping Zhang, Chao Gao, Rong Yin, Wayne Carver, Daping Fan, Helmut Albrecht, Taixing Cui , Wenbin Tan. «Spike Protein of SARS-CoV-2 Activates Macrophages and Contributes to Induction of Acute Lung Inflammations in Mice». PubMed.gov. PMID: 33330865 PMCID: PMC7743069 DOI: 10.1101/2020.12.07.414706. https://pubmed.ncbi.nlm.nih.gov/33330865/

YOSHIFUJI, Ayumi. «COVID-19 vaccine induced interstitial lung disease». https://www.ncbi.nlm.nih.gov/pmc/articles/PMC8450284/

YUYANG Lei, Jiao Zhang «SARS-CoV-2 Spike Protein Impairs Endothelial Function via Downregulation of ACE 2» https://www.ahajournals.org/doi/10.1161/CIRCRESAHA.121.318902

ZHANGA, Liguo, Alexsia Richardsa, M. Inmaculada Barrasaa, Stephen H. Hughesb, Richard A. Younga, and Rudolf Jaenisch. «Reverse-transcribed SARS-CoV-2 RNA can integrate into the genome of cultured human cells and can be expressed in patient-derived tissues». https://www.pnas.org/doi/epdf/10.1073/pnas.2105968118

ZWIR, I, C. del Val, M. Hintsanen, K.M. Cloninger, R. Romero-Zaliz, A. Mesa, J. Arnedo, R. Salas, G.F. Poblete, E. Raitoharju, O. Raitakari, L. Keltikangas-Järvinen, G. de Erausquin, I. Tattersall, T. Lehtimäki, C.R. Cloninger «Evolution of Genetic Networks for Human Creativity». (2021), Mol Psychiatry.https://doi.org/10.1038/s41380-021-01097-y (in press). https://www.nature.com/articles/s41380-021-01097-y «¿Es el pangolín el origen del coronavirus? Descubre la verdad sobre esta escamosa criatura» | National Geographic en Español https://www.ngenespanol.com/animales/pangolin-animal-origen-del-coronavirus-en-peligro-de-extincion/

«Estudio alerta de que el coronavirus del pangolín puede saltar a humanos https://www.consalud.es/pacientes/especial-coronavirus/estudio-alerta-coronavirus-pangolin-saltar-personas_92180_102.html

«La OMS no halla evidencias contundentes en el pangolín y el murciélago como origen del Covid» https://www.elindependiente.com/vida-sana/2021/02/09/la-oms-y-china-concluyen-que-el-covid-es-de-origen-animal-y-que-surgio-en-diciembre-en-wuhan/

«Salvar al pangolín y los otros 12 asuntos globales más seguidos de 2021... además de la covid-19 | Planeta Futuro | EL PAÍS» https://elpais.com/planeta-futuro/2021-12-30/salvar-al-pangolin-y-los-otros-12-temas-de-2021-mas-leidos-ademas-de-la-covid-19.html

«El misterio del origen del virus: El pangolín pasa de sospechoso a ser una de las posibles claves para curar la covid-19» https://www.vozpopuli.com/sanidad/misterio-pangolin-sospechoso-posibles-covid-19_0_1356164775.html

«Coronavirus: cómo se estrecha el cerco sobre el pangolín como probable transmisor del patógeno que causa el covid-19» - BBC News Mundo. https://www.bbc.com/mundo/noticias-52066430

«Un nuevo estudio vuelve a señalar al pangolín como foco de contagio de coronavirus a humanos» https://www.20minutos.es/noticia/4572754/0/nuevo-estudio-vuelve-senalar-pangolin-como-foco-contagio-coronavirus-humanos/

«Covid-19: hora de exonerar el pangolín de la transmisión del SARS-CoV-2 a los humanos». http://www.ub.edu/irbio/covid-19-hora-de-exonerar-el-pangolin-de-la-transmision-del-sars-cov-2-los-humanos-n-836-es

«¿Qué pasó con los pangolines y los murciélagos?» https://www.abc.es/sociedad/abci-paso-pangolines-y-murcielagos-202103301315_noticia.html

«Los pangolines pueden portar diversos coronavirus relacionados con el SARS-CoV-2». https://www.nationalgeographic.com.es/ciencia/pangolines-pueden-portar-diversos-coronavirus-relacionados-sars-cov-2_15368

«Murciélagos y pangolines: el coronavirus es una zoonosis, no un producto de laboratorio». https://theconversation.com/murcielagos-y-pangolines-el-coronavirus-es-una-zoonosis-no-un-producto-de-laboratorio-135753

«Un estudio da pistas sobre el origen animal del coronavirus» https://www.diarioveterinario.com/t/2265756/estudio-da-pistas-sobre-origen-animal-coronavirus

«¿Podría estar la clave contra el coronavirus en el pangolín?» – BiotechMN. https://biotechmagazineandnews.com/la-clave-contra-el-coronavirus-puede-estar-en-el-pangolin/

«Murciélago, pangolín, aves... los animales que nos transmiten virus». https://www.elmundo.es/ciencia-y-salud/salud/2021/03/29/6061b28221efa021458b4594.html

«El virus surgió de la mezcla y selección de genes virales de murciélago y pangolín, según un estudio» https://www.heraldo.es/noticias/salud/2020/06/01/coronavirus-sars-cov2-surgio-mezcla-seleccion-genes-virales-murcielago-pangolin-segun-estudio-1378212.html

«El coronavirus actual no saltó de los pangolines a humanos, apunta un estudio». https://www.heraldo.es/noticias/internacional/2020/05/14/el-coronavirus-actual-no-salto-de-los-pangolines-a-humanos-apunta-un-estudio-1374964.html

«¿Dónde surgen los coronavirus? 4.800 km de murciélagos y pangolines infectados . https://www.elconfidencial.com/tecnologia/ciencia/2021-02-10/zona-desentranar-origen-coronavirus-murcielagos-pangolines_2944475/

«Empresa respaldada por Bill Gates libera miles de mosquitos modificados genéticamente»: https://www.dw.com/es/empresa-respaldada-por-bill-gates-libera-miles-de-mosquitos-modificados-genéticamente/a-57429225

—https://www.gatesfoundation.org/about/committedgrants/2020/09/inv019029

«Encontrado el primer fósil de mosquito con muestras de hemoglobina en el estómago». https://www.elmundo.es/elmundo/2013/10/14/ciencia/1381754511.html

«Hemoglobin-derived porphyrins preserved in a Middle Eocene blood-engorged mosquito». Greenwalt, D., Goreva, Y., Siljeström, S., Rose, T. and Harbach, R.E., 2013. Proceedings of the National Academy of Sciences, 110(46):18496-18500. http://www.pnas.org/content/110/46/18496.full.pdf?with-ds=yes

«The most famous fossils ever discovered». https://www.msn.com/en-us/news/technology/the-most-famous-fossils-ever-discovered/ss-BBOKYZ3?ocid=spartanntp

«Discovery of prehistoric mosquito species reveal these blood suckers have changed little in 46 million years». http://insider.si.edu/2013/01/discovery-of-prehistoric-mosquito-species-reveal-these-blood-suckers-have-changed-little-in-46-million-years/

«Blood molecules preserved for millions of years in abdomen of fossil mosquito». http://insider.si.edu/2013/10/blood-molecules-preserved-for-millions-of-years-in-abdomen-of-fossil-mosquito/

«Discovery of prehistoric mosquito species reveal these blood suckers have changed-little in 46 million years». https://insider.si.edu/2013/01/discovery-of-prehistoric-mosquito-species-reveal-these-blood-suckers-have-changed-little-in-46-million-years/

«Genes de la creatividad»: https://www.dw.com/es/estudio-genes-de-la-creatividad-dieron-al-homo-sapiens-ventaja-sobre-los-neandertales/a-57326097

«El genoma europeo más antiguo revela sexo continuo con neandertales»: https://www.dw.com/es/el-genoma-europeo-más-antiguo-revela-sexo-continuo-con-neandertales/a-57126053

«Britain's unethical Covid messaging must never be repeated»: https://www.spectator.co.uk/article/britain-s-unethical-covid-messaging-must-never-be-repeated

«The case against WHO director-general candidate Tedros Adhanom», OPride Staff, 2017, May 11, https://www.opride.com/2017/05/11/case-director-general-candidate-tedros-adhanom/

«Another week, another scandal at the United Nations», Ghitis, F., 2017, October 25., Washington Post. https://www.washingtonpost.com/news/democracy-post/wp/2017/10/25/another-week-another-scandal-at-the- united-nations/

Chakraborty, B. 2020, March 25, WHO chief's questionable past comes into focus following coronavirus response, Fox News. https://www.foxnews.com/world/who-chief-tedros-questionable-past-coronavirus

Coronavirus Bioweapon – How China Stole Coronavirus From Canada And Weaponized It https://greatgameindia.com/coronavirus-bioweapon/

Evento 201: https://www.centerforhealthsecurity.org/event201/scenario.html
https://www.centerforhealthsecurity.org/event201/

«BARIC, Ralph admite que crearon el SARS COV en 2015». https://www.ncbi.nlm.nih.gov/pmc/articles/PMC4797993/#__ffn_sectitle

«La historia criminal del Dr. Anthony Fauci» documentada en un libro de Robert Kennedy Jr. https://cienciaysaludnatural.com/la-historia-criminal-del-dr-anthony-fauci-documentada-en-un-libro-de-robert-kennedy-jr/

«La salud no es una guerra», https://diario16.com/la-salud-no-es-una-guerra/

«Cuando Julio Verne conoció Vigo», https://www.traveler.es/viajes-urbanos/articulos/ruta-julio-verne-vigo-veinte-mil-leguas-de-viaje-submarino/20824

«Australia sees huge decrease in flu cases due to coronavirus measures» https://www.newscientist.com/article/2242113-australia-sees-huge-decrease-in-flu-cases-due-to-coronavirus-measures/#ixzz6WUuNO8Ga

Boletín Integrado de Vigilancia. Nº504 SE 28/2020, Argentina: https://www.argentina.gob.ar/sites/default/files/biv_504_se_28.pdf

CDC Seasonal Flu Vaccine Effectiveness Studies https://www.cdc.gov/flu/vaccines-work/effectiveness-studies.htm

Ficha Técnica Vaxigrip. Suspensión inyectable en jeringuilla precargada: https://cima.aemps.es/cima/dochtml/ft/61108/FichaTecnica_61108.html

«Coronavirus: While Covid-19 takes lives around the world, New Zealand's response has led to fewer deaths from all causes», https://www.stuff.co.nz/national/health/coronavirus/122476223/coronavirus-while-covid19-takes-lives-around-the-world-new-zealands-response-has-led-to-fewer-deaths-from-all-causes

ESWI. «European Scientific Working group on Influenza» https://eswi.org/

«How long do vaccines last? The surprising answers may help protect people longer» https://www.sciencemag.org/news/2019/04/how-long-do-vaccines-last-surprising-answers-may-help-protect-people-longer

«Influenza: evidence from Cochrane Reviews» https://www.cochranelibrary.com/es/collections/doi/10.1002/14651858.SC000006/full/es?cookiesEnabled

«Influenza Vaccine Composition for the 2014–15 Season- For 2014–15, U.S.-licensed influenza vaccines will contain the same vaccine virus strains as those in the 2013–14 vaccine». https://www.cdc.gov/mmwr/preview/mmwrhtml/mm6332a3.htm#Influenza_Vaccine_Composition

«La gripe del cerdo (1976): cuando el pánico y la política toman las decisiones», http://www.vacunas.org/images/stories/recursos/varios/2009/TUELLS_Vacunas_2007_gripe_cerdo1976.pdf

«La gripe entra en epidemia y satura las urgencias» https://elpais.com/sociedad/2019/01/18/actualidad/1547820249_302173.html

«¿La vacunación antigripal de los profesionales sanitarios es efectiva para evitar la gripe en sus pacientes?!», https://amf-semfyc.com/web/article_ver.php?id=1605

«Narcolepsy in association with pandemic influenza vaccination» https://www.ecdc.europa.eu/sites/portal/files/media/en/publications/Publications/Vaesco%20report%20FINAL%20with%20cover.pdf

«No-fault compensation following adverse events attributed to vaccination: a review of international programmes». https://www.who.int/bulletin/volumes/89/5/10-081901/en/

Conversación entre altos cargos de *The Lancet* y *New England Journal of Medicine* donde señalan cómo las farmacéuticas manipulan los estudios: https://www.brighteon.com/90a12f14-e560-4199-b93e-a677c67ec4e6

«Physical interventions to interrupt or reduce the spread of respiratory viruses» https://www.ncbi.nlm.nih.gov/pmc/articles/PMC6993921/https://www.medrxiv.org/content/10.1101/2020.03.30.20047217v2

«Three updated Cochrane Reviews assessing the effectiveness of influenza vaccines». https://www.cochrane.org/news/featured-review-three-updated-cochrane-reviews-assessing-effectiveness-influenza-vaccines

«Vaccine injury redress programmes: an evidence review». https://www.lenus.ie/bitstream/handle/10147/628020/Vaccine_injury_redress_programmes._Final_report.pdf?sequence=1&fbclid=IwAR0z17dcPwV0BZ7s3BL1xlbx5C-NIAcRsp1voz4NBerBe1eFlriEW7BQovtM

«Vacunas y enfermedades infecciosas desde el punto de vista de la salud pública» http://www.nogracias.eu/2016/10/12/vacunas-y-enfermedades-infecciosas-desde-el-punto-de-vista-de-la-salud-publica-por-juan-gervas/

«El fondo buitre Blackrock es el principal accionista de The Lancet». http://euskalnews.com/2022/01/el-fondo-buitre-blackrock-es-el-mayor-accionista-de-la-revista-medica-the-lancet/

«Un estudio demuestra que las células humanas pueden convertir secuencias de ARN en ADN» https://isanidad.com/189404/un-estudio-demuestra-que-las-celulas-humanas-pueden-convertir-secuencias-de-arn-en-adn/

«Will an RNA Vaccine Permanently Alter My DNA? (Vacunas Covid pueden modificar ADN): https://www.webmd.com/vaccines/covid-19-vaccine/news/20210209/beyond-covid-19-can-mrna-treat-diseases-too mRNA Reverse Transcriptase: https://t.co/xWD6CbXbUM

«History of Virus Research in the Twentieth Century: The Problem of Conceptual Continuity». Ton van Helvoort. 1994. https://journals.sagepub.com/doi/10.1177/007327539403200204

«Vitamin D. Fact Sheet for Health Professionals». https://ods.od.nih.gov/factsheets/VitaminD-HealthProfessional/

«Nueve veces más hospitalizaciones que el verano pasado a pesar de la vacuna». https://www.elmundo.es/ciencia-y-salud/salud/2021/07/16/60f1f15d21efa0b37b8b4654.html

«La propagación asintomática del virus que encerró a la gente es falsa, dice exfuncionario de la Casa Blanca». https://bles.com/salud/la-propagacion-asintomatica-del-virus-que-encerro-a-la-gente-es-falsa-dice-exfuncionario-de-la-casa-blanca.html

«Las proteínas spike que producen las inyecciones Covid son tóxicas y pueden provocar graves daños» – CienciaySaludNatural.com https://cienciaysaludnatural.com/las-proteinas-espiga-que-producen-las-inyecciones-ko-bit-son-toxicas-y-pueden-provocar-graves-danos/

Portal transparencia PFIZER: https://www.transparencia-pfizer.es/transparencia2020

FDA Pfizer autorización Comirnaty discusión. https://static1.squarespace.com/static/550b0ac4e4b0c16cdea1b084/t/6124fdd27da16f3e2c51aecb/1629814226387/Key+points+to+consider+FDA+letters+and+press+release.pdf

«EU looking into new possible side-effects of mRNA COVID-19 shots». https://www.reuters.com/business/healthcare-pharmaceuticals/eu-drugs-regulator-looking-new-possible-side-effects-mrna-vaccines-2021-08-11/

«Vacunar a todo mundo»: Juan Ramón de la Fuente. https://www.mexicosocial.org/vacunar-a-todo-mundo-jrdelafuente/

«Four Healthy British Airways Pilots Die in One Week – Airline Says No Link to Covid-19 Vaccine». https://www.thegatewaypundit.com/2021/06/four-healthy-british-airways-pilots-die-one-week-airline-says-no-link-covid-19-vaccine/

«El tribunal de Lisboa dictamina que sólo el 0,9% de los «casos verificados» murieron de COVID, que son 152, y no los 17.000 reclamados». https://americasfrontlinedoctors.org/frontlinenews/lisbon-court-rules-only-0-9-of-verified-cases-died-of-covid-numbering-152-not-17000-claimed/

El Director Del Instituto De Patología De La Universidad De Heidelberg Alerta Sobre Lesiones Mortales Causadas Por Las Vacunas Según Autopsias. https://www.mentealternativa.com/el-director-del-instituto-de-patologia-de-la-universidad-de-heidelberg-alerta-sobre-lesiones-mortales-causadas-por-las-vacunas-segun-autopsias/

«Varios estudios oficiales confirman que la inyección K0 B1T causa miocarditis», https://cienciaysaludnatural.com/varios-estudios-oficiales-confirman-que-la-inyeccion-k0-b1t-causa-miocarditis/

«La startup de chips cerebrales de Elon Musk se prepara para las primeras pruebas en humanos» | Independent Español. https://www.independentespanol.com/tecnologia/elon-musk-chip-cerebro-neurolink-b1999659.html

Coronavirus: Duro informe de Médicos Sin Fronteras sobre las residencias: «Golpeaban las puertas y suplicaban por salir» | Sociedad | EL PAÍS https://elpais.com/sociedad/2020-08-18/duro-informe-de-medicos-sin-fronteras-en-las-residencias-golpeaban-las-puertas-y-suplicaban-por-salir.html

«Los NIH de Estados Unidos modifican la gripe aviar pandémica para hacerla más peligrosa en una nueva y arriesgada investigación» , https://www.mentealternativa.com/los-nih-de-estados-unidos-modifican-la-gripe-aviar-pandemica-para-hacerla-mas-peligrosa-en-una-nueva-y-arriesgada-investigacion/

«Top American Medical Journal Study Confirms the Risk of Myocarditis and Pericarditis After Receiving COVID-19 Vaccines - Risks is Highest After Second Vaccine in Adolescent Males and Young Men» https://www.thegatewaypundit.com/2022/01/top-american-medical-journal-study-confirms-risk-myocarditis-pericarditis-receiving-covid-19-vaccines-risks-highest-second-vaccine/

«Rusia lleva a la ONU su propaganda contra EE UU por los supuestos laboratorios biológicos en Ucrania» https://elpais.com/internacional/2022-03-11/rusia-lleva-a-la-onu-su-propaganda-contra-ee-uu-por-los-supuestos-laboratorios-biologicos-en-ucrania.html

«La OMS aconseja a Ucrania destruir los virus almacenados en sus laboratorios para evitar que se propaguen entre la población». https://www.elmundo.es/internacional/2022/03/11/622af2fefdddff6c3f8b45c8.html

«Casi 800 informes de inflamación cardíaca se presentaron tras vacunaciones anti-COVID en EE.UU». Fuente: The Epoch Times en español. https://es.theepochtimes.com/casi-800-informes-de-inflamacion-cardiaca-se-presentaron-tras-vacunaciones-anti-covid-en-ee-uu_847647.html?utm_source=telegram

Over 1000 published studies provide evidence that the COVID-19 «vaccines» are DANGEROUS - The Complete Guide To Health.com https://www.thecompleteguidetohealth.com/over-1000-published-studies-provide-evidence-that-the-covid-19-vaccines-are-dangerous.html

Fernando López-Mirones entre los «antivacunas muertos»: https://maldita.es/malditobulo/20220131/antivacunas-muerte-ingresar-hospital-covid-19/

Diario 16: recopilación de artículos: https://diario16.com/covid-19/

Tedros Adhanom | Director de la OMS | Periodistas por la verdad. https://periodistasporlaverdad.com/tedros-adhanom-director-de-la-oms/

«New York Times Admits Unvaxxed People Have 'Lower Rates of Infection And Hospitalization' Of COVID-19 Than The Vaxxed». https://thenationalpulse.com/2022/01/27/nyt-admits-unvaccinated-had-lower-covid-infection-rate/

«Cómo se creó la COVID y cómo se propagó por el mundo (documentos filtrados por DARPA) – Alerta Digital. https://www.alertadigital.com/2022/01/31/como-se-creo-el-covid-y-como-se-propago-por-el-mundo-ofrecemos-los-documentos-filtrados-por-darpa/

Ensayos Pfizer: Pfizer Trials: https://uploads-ssl.webflow.com/5fa5866942937a4d73918723/6018018e4b1729f3251e4281_UKMFA_Pfizer_COVID-19_Vaccine_(Public1-2).pdf

Ensayos AstraZeneca: AZ Trials: https://uploads-ssl.webflow.com/5fa5866942937a4d73918723/6018018ee97688debe23c551_UKMFA_AstraZenica_COVID-19_Vaccine_(Public1-2).pdf

Covid-19 Injection information leaflet: https://uploads-ssl.webflow.com/5fa5866942937a4d73918723/6006c4e4ccf7a9074538c6ad_UKMFA_COVID-19_Vaccine_Patient_Information.pdf

Información muy completa sobre SARS-CoV-2. COVID-19 y nuevo paradigma de la Biología: www.biologosporlaverdad.es

«Los antivacunas son criminales más peligrosos que los traficantes de drogas», https://www.libertaddigital.com/espana/2021-08-16/los-antivacunas-son-criminales-mas-peligrosos-que-los-traficantes-de-drogas-6810159/

Fauci says «Infections after vaccinations inevitable» https://thehill.com/policy/healthcare/547696-fauci-no-vaccine-100-percent-effective-breakthrou-gh-covid-19-infections?fbclid=IwAR2h0pm--wiS27iepu8byJNXamlChfd-glO-EVFMl6qaGtXonBLJmzYGl5xU&rl=1

Variante sudafricana del Covid-19 muestra resistencia a vacuna de Pfizer, revela estudio. Estudio Israelí Vacunados frente a NO vacunados. https://www.eluniversal.com.mx/mundo/variante-sudafricana-del-covid-19-muestra-resistencia-vacuna-de-pfizer-revela-estudio?fbclid=IwAR1BCcZgeU-xUm-gI-XAdj3nAHl4Z2BbwUdbuV-H5LGyu6k2p_A-klL11Qp8

«The Pfizer mRNA Vaccine: Pharmacokinetics and Toxicity». Análisis. https://doctors4covidethics.org/the-pfizer-mrna-vaccine-pharmacokinetics-and-toxicity/

Meta estudio danés mascarillas. «Are Face Masks Effective? The Evidence». – Swiss Policy Research. https://swprs.org/face-masks-evidence/

«Four New Discoveries About Safety and Efficacy of COVID Vaccines». Principia Scientific Intl. https://principia-scientific.com/four-new-discoveries-about-safety-and-efficacy-of-covid-vaccines/

María José Martínez Albarracín. «¿Para qué han servido realmente las PCR?» https://cauac.org/articulos/maria-jose-martinez-albarracin-en-covid-20/

Biólogos por la Verdad: «Estudio vacunas COVID-19». Plataforma Biólogos por la Verdad y Médicos por la Verdad. 2021. https://t.me/s/biologosporlaverdad

Médicos por la Verdad España. http://www.mundobacteriano.com/medicos-por-la-verdad-pisando-el-acelerador/